JN260815

水浄化技術
―貴重な資源・安心できる水―

東京都市大学
江原 由泰

神奈川工科大学
瑞慶覧 章朝

東京都市大学名誉教授
伊藤 泰郎

共 著

養賢堂

まえがき

　20世紀は石油，21世紀は水の世紀といわれ，水は命であるともいわれ，水はまさしく21世紀の人類生存の鍵を握っている．まさしく水は命，暮らし，未来を育む源泉であるといえる．生きるために必須の水であり，水資源は私達の人間のみならず，この地球上に住む生物全体の生命維持を司っている最も大切な要素といっても過言ではない．この100年間で地球の人口は4倍に増えたが水の使用量は9倍になった．特に日本では水は何時でも自由に何処でもあるのが当たり前であるかの如く認識されている．そのため，日本では水の役割や恩恵の大きさへの実感に乏しい．それは今の日本は日常使う水には全く不自由を感じなく生活ができているからである．産業分野でも水の果たしている役割は極めて大きい．どんな高価なものでも何時でも自由に手にすることができれば，その重要性も有難さも感じなくなる．自由に水が使えることはまさしく，素晴らしいことであり，有難いことである．しかし，それがために，多くの人々が水に対する重要さの意識が薄くなっているのではないかと感じることが多い．水が私達の所に届くまでの循環のプロセスと実情を知れば知るほど水の重要性の意識は高まるはずである．

　私たちは水を毎日のように目で見て，口で味わい，耳で聞き，手で触っているので，水のことはよく知っていると錯覚している人が多いのではないか．しかし，実際に水も少し探って見ると未知の部分が多いことに気づかされる．世界中の水の大部分（97.5％）は海水であり，淡水は2.5％に過ぎず，その中で私達の利用できる水は河川，湖や土の中にある水を含めても地球上の水の僅か0.011％以下である．一方，水は循環しているので，一見無尽蔵であるかのように錯覚している人も多いのではないだろうか．

　自分にとっても，また社会のためにも最も重要なことは私たちが水の果たしている役割を認識し，日常生活の中で少しでも今より水を大切にすることを心がけることである．この意識改革こそが最も効果的な水質改善の技術なのであ

ろう．かつては石炭が「黒いダイヤ」と呼ばれていたが，今や水は「ブルーダイヤ」と呼ぶにふさわしい存在である．是非ともこの認識を高めたいという願いも本書には込められている．

　本書はいかに水が重要な役割を果たしているか，どんな技術が役立っているかについてまとめたが，その理解をしやすくするため，できるだけ図表を多く取り入れて記述した．

目　次

- 第 1 章　宇宙の水 ・・ 1
- 第 2 章　地球上の水 ・・・ 5
- 第 3 章　日本の水 ・・・ 11
- 第 4 章　人口と水 ・・・ 16
- 第 5 章　水の性質 ・・・ 21
- 第 6 章　水と生命 ・・・ 27
- 第 7 章　飲料水 ・・・ 32
  - 7.1　天然水 ・・・ 32
  - 7.2　水道水 ・・・ 35
  - 7.3　おいしい水 ・・ 49
  - 7.4　ペットボトル ・・・・・・・・・・・・・・・・・・・・・・・・・・・・・・・・・・・・・・・ 52
- 第 8 章　安心できるプール ・・・・・・・・・・・・・・・・・・・・・・・・・・・・・・・・・・・・ 57
- 第 9 章　農業用水 ・・ 62
- 第 10 章　河川 ・・・ 70
  - 10.1　河川の汚染状況 ・・・・・・・・・・・・・・・・・・・・・・・・・・・・・・・・・・・ 70
  - 10.2　下水の浄化 ・・・・・・・・・・・・・・・・・・・・・・・・・・・・・・・・・・・・・・・ 73
  - 10.3　し尿処理と浄化 ・・・・・・・・・・・・・・・・・・・・・・・・・・・・・・・・・・ 80
  - 10.4　水の再利用 ・・・・・・・・・・・・・・・・・・・・・・・・・・・・・・・・・・・・・・・ 82
- 第 11 章　湖沼の汚染と浄化 ・・・・・・・・・・・・・・・・・・・・・・・・・・・・・・・・・・ 87
- 第 12 章　海水 ・・・ 91
  - 12.1　海の深さと圧力・温度 ・・・・・・・・・・・・・・・・・・・・・・・・・・・ 91
  - 12.2　海の恵み ・・・ 93
  - 12.3　海の汚染 ・・・ 96
  - 12.4　海の浄化 ・・・ 98
- 第 13 章　工業用水 ・・ 103
  - 13.1　一般工業用水 ・・・・・・・・・・・・・・・・・・・・・・・・・・・・・・・・・・・・ 104
  - 13.2　超純水 ・・・ 105
- 第 14 章　水を育む森林 ・・・・・・・・・・・・・・・・・・・・・・・・・・・・・・・・・・・・・・・ 113
- 第 15 章　水の活性化：マイクロバブル ・・・・・・・・・・・・・・・・・・・・・ 117
- 第 16 章　水の主要な浄化技術 ・・・・・・・・・・・・・・・・・・・・・・・・・・・・・・・ 122

- あとがき ・・ 135
- 索　引 ・・ 137

第1章　宇宙の水

　地球は宇宙の中では銀河系の中の一つの星であるが，その銀河系の中だけでも1011億個の星があると言われている．さらに，宇宙には銀河系のような集団が 100 000 000 000 個(10^{11} 個)も存在しているので，宇宙では 10 000 000 000 000 000 000 000 個(10^{22} 個)となり，これこそまさしく天文学的な数の星が存在していることになる．10^{22} 個の星の中の一つが地球であるが，地球以外の星には現在では未だ動物や植物などの生命の存在は確認されていない．

　宇宙の中で最も多い元素は図 1.1 に示すように水素(H)であり，水素は原子の中で最も軽い原子であるが，重量で全原子のほぼ 76％(分子数で 93％)である．次いで多いのがヘリウム(He)であり重量で 23％(分子数で 7％)である．これらの二つの元素は多くの元素の中で最も軽い方から 1，2 番に相当している．銀河系の中の原素は水素とヘリウムだけでもほぼ 100％に近くなる．図に示されるように，水素やヘリウム以外の元素も存在してはいるものの，水素やヘリウム以外の元素では存在比が桁違いに少ない．水素やヘリウムは宇宙が形成されるプロセスにおいて，宇宙の誕生時に起こったビックバンによって原子を構成している陽子，電子や中性子などの素粒子と呼ばれる微粒子が超高温で核融合によって作られた最初の元素であると考えられている．地球上では水素やヘリウムが更に各種の核融合反応によって質量数の大きな原子が作られて現在のような酸

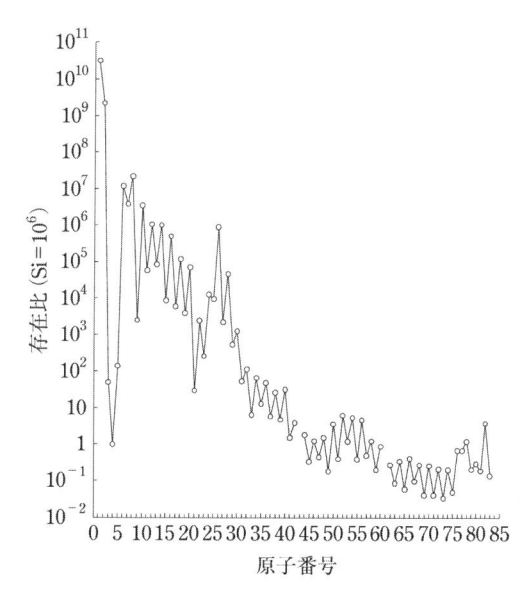

図 1.1　元素の宇宙存在度

素(O)や炭素(C)などの元素が作られ，現在では最も重いウラニウム(U)までの多種類の元素が作られたのである．また，これ等の元素の化学反応によってホルムアルデヒド(CH_2O)やメチルアルコール(CH_3OH)等の比較的単純な有機化合物が作られたが，その中の一つが水(H_2O)である．

水は宇宙全体に分布はしているであろうが，水が液体として存在できる温度範囲は0〜100℃の狭い範囲である．しかし，宇宙の平均気温は−270℃であるので，地球は水が液体として存在できる極めて数少ない星の一つであるといえる．銀河系にある1011億個の星の中で地球を含めた太陽の惑星9個の温度は図1.2に示すように，太陽からの距離によって大きく変化している．太陽表面の温度は6000℃であるが，太陽に最も近い惑星である水星は太陽から5789km(0.38天文単位：ここで示した天文単位とは太陽と地球の間の距離を基準として，その距離の倍数で数値化した単位)であり，温度は330℃であるのに対して地球は太陽から1億4960km(1天文単位)で，温度は平均15度(季節と場所により−30〜40℃の範囲)である．太陽から地球よりさらに遠い火星では−60℃，最も遠い冥王星(59億km，39.44天文単位)では−230℃であるので，火星や冥王星では水が存在しても氷の状態で存在している．冥王星は近年惑星ではないことになった星であるがここでは最も遠い惑星とした．

惑星が1周する周期も太陽からの距離によって大きく変わり，太陽に最も近い水星では88日であるのに対して，太陽から最も遠い冥王星では247年で1

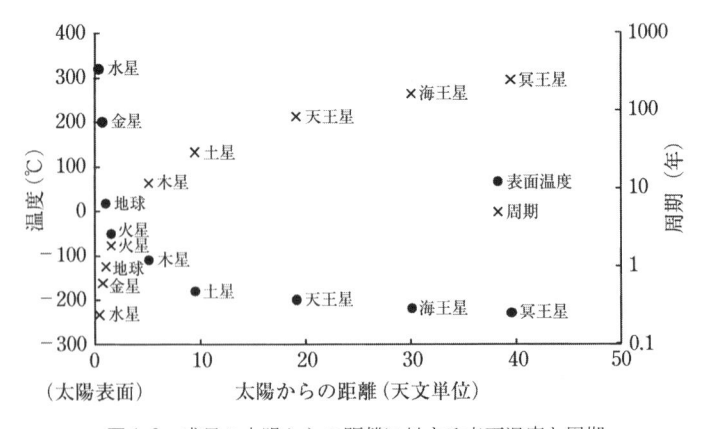

図1.2 惑星の太陽からの距離に対する表面温度と周期

周している．冥王星などは長い年月かかって1周しているが，太陽から遠いので軌道は非常に長く，冥王星は地球の数倍の速度で回っている．

　惑星が太陽からの距離が離れるに比例して温度は下り，周期が長くなっている状態であるので，各惑星の温度から見ると，水が液体として存在できる星は地球のみであり，まさしく地球が「水の惑星」と呼ばれるゆえんもここにある．太陽に近い水星や金星の温度は水の沸点以上であるので，水は全て水蒸気になる．また紫外線が強いので水は水素と酸素ガスに分解しており，その分解ガスも金星は小さいので引力が弱く，これ等のガスを引き付けておけず，宇宙空間に飛散してしまい，金星表面に水として存在する量は極めて微量である．また，太陽からの距離が火星より遠い惑星の表面温度は0度以下であるので，水は存在していても液体状態ではなく完全に氷として存在することになる．このように，宇宙の中でも地球は環境的には温度という動植物が繁栄できる非常に狭い条件(液体としての)に保たれている，極めて恵まれた稀有の惑星であるといえる．地球以外の他の惑星にもその惑星の環境に合った生物が生息しているかどうかはわからない．しかし，地球上と同様な動植物は生息していることはないであろう．

　地球は太陽からの「距離」と「大きさ」の二つの条件が「水を液体として溜めておくための条件」を満たしてくれているのである．太陽からの距離では地球とほぼ同じで，地球の唯一の衛星である月には何故水が無いのであろうかとの疑問が残るかもしれない．それは地球と月の大きさの違いが原因である．その理由は月の半径と密度は何れも地球より小さい(半径は 1/4，密度は 1/6)ため，月の表面に水の分子を引き付けておくための引力が小さいためである．また月は他の星と大きく異なる特徴があり，それは表1.1に示したように，月の表面温度は昼(110℃)と夜(−170℃)で大きく異なること，また気圧が低く，ほぼ真空に近いので月の表面には気体が殆んど存在しないこと等である．

　地球表面は窒素や酸素の他に水蒸気や CO_2 等の気体によって包まれているが，太陽からの紫外光はあまり吸収されないで地表に到達する．太陽からの紫外線は地表で反射して赤外線を放出し，水蒸気や CO_2 がこの赤外線を吸収して，地球表面をほぼ 15℃程度に保っている．地表の温度が 15℃近くに保たれているのは適量の CO_2 と水蒸気が地球表面に存在して温めているからである．

表1.1 星の大気

	金星	地球	火星	月
太陽からの平均距離($\times 10^6$ km)	107	148.8	277	148.8
平均表面温度(℃)	200	15	-60	(-170〜110)
赤道面直径(10^3 km)	12.1	12.8	6.8	13.5
相対比重	0.82	1	0.11	0.01
軌道速度(10^3 km/s)	350	298	241	1.0
大気圧(気圧)	90	1	1/132	$1/10^8$
大気組成(%)				
二酸化炭素	96.5	0.0034	95.3	0
窒素	3.5	78.1	2.7	0
酸素	2×10^{-3}	20.9	0.13	0
アルゴン	7×10^{-3}	0.93	1.6	0
水	2×10^{-3}	(0〜40)	3×10^{-3}	0

出典：小出力，地球生命を支配する水，裳華房(2002) p.8

最近は地表の CO_2 濃度が高くなり，そのために地球温暖化現象として問題となっている．しかし，地上は「適量の水蒸気や CO_2」の存在によって動植物の生命が維持できている素晴らしい環境が保たれていることを私達は決して忘れてはならない．素晴らしい環境のためには過度ではなく，修正可能な「適量の」が何より重要なことである．

第 2 章　地球上の水

　水は地球という惑星に与えられた人類をはじめ生物に共有の財産である．地球は「水の惑星」，「青い惑星」などと言われているが，それは太陽系の中で唯一水が液状で存在する惑星だからである．地球表面積では $5.1\times10^8\,km^2$（510億 ha），表面積の割合では 70.8％以上が水面で覆われているからであろう．水は太陽のエネルギーを受けて海や地表から蒸発し，雨や雪となって再び地表に降り，地下水や河川となって海に注ぐという自然の大循環を繰り返している．

　この地球上の水は地球表面に均一に存在するとすれば，厚さ 2500 m の殻をかぶっていることに相当する量である．また「21 世紀は水の世紀」，「水は命の元」ともいわれており，これなどの言葉以上に人類にとって水の役割の大きさは測り知れない．まさしく，全ての地球上の生物は「水」から生まれと言われており，エネルギー資源と同様に水資源が 21 世紀以降に人類が生存し続けられるか否かの鍵を握っていることは間違いのない現実であろう．地球は多量の水で覆われており，もし水がなければ地球上に生物は誕生しなかったことは確かである．

　1961 年ガガーリン宇宙飛行士から「地球は青かった」，と呼ばせたのは地球の表面の 70.8％以上が水で覆われている上に，陸地も森林が 66.5％，牧草地 3.0％の緑に覆われ，海も合わせると地球表面は 90％以上が緑に覆われているからである．水は色が付いていないのに海水が青く見えるのは次の理由によっている．太陽光が水中に入ると波長 625～780 nm である赤色，および 500～565 nm である緑色の光は水に吸収され，それ以外の波長の光が合成されて波長 450～485 nm の青色を呈するようになっているからである．

　地球上の水は表面積では 70.8％であるが，体積（地球全体は 1 兆 km^3）では 0.13％のみであり，水は地球表面に薄く分布している状態である．水は 20 億年前に作られた太古の水であるが，量的にはその当時と全く変化せずに 13.86 億 km^3（$1.4\times10^{18}\,kl$）存在し，これは月の体積の 1/2 に相当する量である．地球上の水のうち海水が 97.5％，淡水は 2.5％である．淡水の中でも氷河水が

1.75％（温水の69.5％：2420万km^3）で，河川・湖沼・地下水等を合わせても0.92％であり，さらにこの1.99％の中でも地下水が大部分であるので，私達が飲用や農業用水として利用できる淡水は全水量のわずか0.011％（10^{4}km^3）に過ぎない．したがって，水が最も自然状態で多量に存在するのは海水であり，全水量に対して私達の利用でるのは微々たる量である．この微々たる量の水量とは日本の水かめと言われている琵琶湖（27km^3）の5000倍分に相当する量である．

　河川水は地球上の淡水のうちでもわずかな量で，地球全体の水の100万分の1でしかない．この河川水も太陽のエネルギーによって循環されているが，このエネルギーは莫大な量である．河川水の量は1年で37兆kgに相当する量になる．もし，これを石油（発熱量10kcal/g）によって蒸発（540cal/）させるとすれば，ほぼ2兆tの石油に相当するエネルギーである．これは全世界の使用エネルギーの250倍を超える莫大なエネルギーである．

　水は地表で「水→蒸発（水蒸気）→雨雲→降雨→水」として何回も繰り返され，**図2.1**に示すように循環している．大気中にはほぼ1.3×10^{16} lが水蒸気と

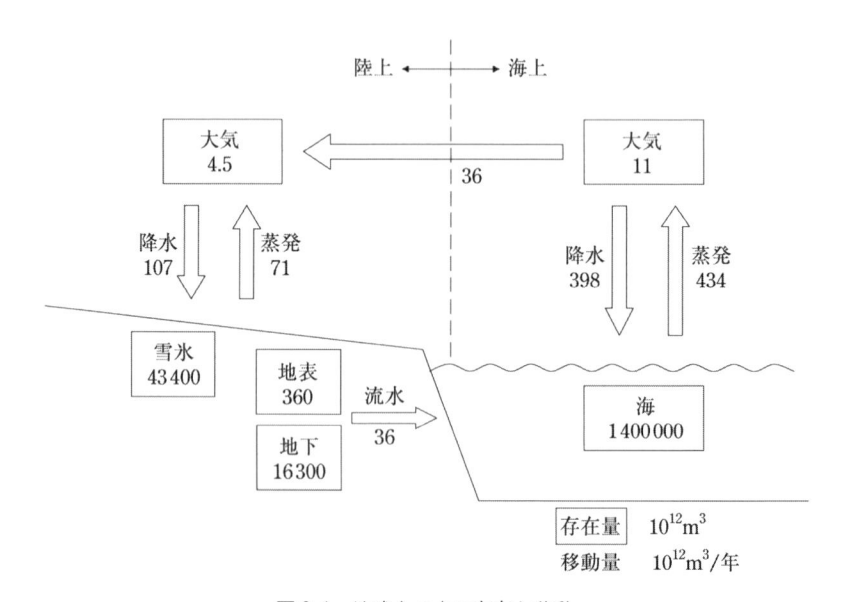

図2.1　地球上の水の存在と移動

して存在する．世界の年間降水量は $5.1\times10^{17}l$ であるが，この水は地表と大気間を年間 40 回往復している量である．水蒸気として大気中に存在している平均滞留時間はほぼ 10 日である．この水の大循環は水の蒸発作用によるものであり，水蒸気や雨は大気を浄化しながら地上に再び水を供給している．これはまさしく地球循環系の最も基礎になっている現象であり，雨や水蒸気の循環は自然現象による大気のクリーン化の象徴なのである．

　正確にはわからないが，地殻やマントルと呼ばれている地球中心部の岩石にも 10 ppm (0.001～0.01 %) 程度の水が含まれているといわれている．しかし，水は地表近くに集中していることは確かである．循環している水の滞留時間は表 2.1 に示すように貯留場所によって大きく異なる．地球表面の 70 %，平均深さ 3795 m の海も 1 年間では海面が平均して 1 m 近い水が蒸発し，この水が降雨や川の流れとして海に注ぎ，海は一定水量を保っている．大気中に水蒸気として存在する水も 10 日くらいで雨や雪として地上に戻ってくる．もし，海に水が流れ込まなければ 2700 年で海は完全に干上がる計算になる．地表水は淡水であるので，私達は最も自由に飲料水などの家庭用水や農業用水として有効に利用しているが，多量に存在する地下水も汲み上げて利用している．この地下水も場所によっては過剰の汲み上げによって地下水位が 50m も低下し，地盤沈下も生ずるようなケースも出てきているほどである．

　人間は食物については 1 箇月位食べなくても生命を維持することはできるようであるが，水の補給は 1 週間が限度であるとされており，それに近い実績もある．人類は「水」を「母」として生まれたともいわれている程であり，歴史的に見ても，世界の古代文明の発祥が黄河，インダス河やチグリスユーフラテス河などの川辺を起源として芽生えている．この歴史的観点から見ても，水は動植物をはじめ人間の生命維持にとっていか

表 2.1　地球の水の量と滞留時間

貯留場所	貯留量(km^3)	存在割合(%)	平均滞留時間
海洋	1349929000	97.50	3200 年
氷雪	24230000	1.75	9600 年
地下水	10100000	0.729	830 年
土壌水	25000	0.002	0.3 年
湖沼水	219000	0.016	数年～数百
河川水	1200	0.000086	13 日
水蒸気	13000	0.0009	10 日
全水量	1384517200	100.00	

出典：榧根勇，水文学(自然地理学講座 3)，大明堂(1980)

第2章　地球上の水

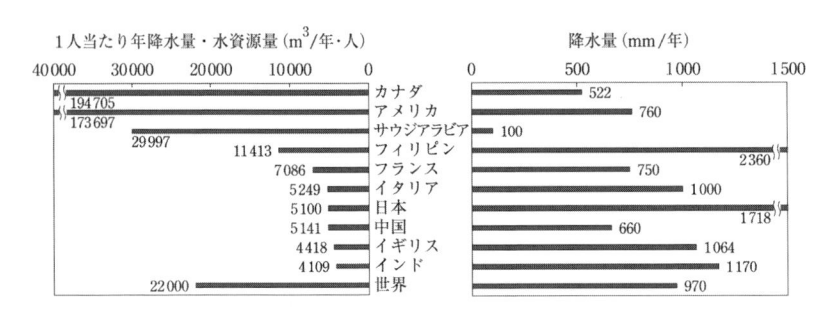

```
1人当たり年降水量・水資源量(m³/年・人)           降水量(mm/年)
40000  30000  20000  10000    0           0    500   1000   1500
194705                      カナダ        522
173697                      アメリカ              760
        29997               サウジアラビア  100
            11413           フィリピン                          2360
         7086               フランス              750
         5249               イタリア                1000
         5100               日本                              1718
         5141               中国                  660
         4418               イギリス                1064
         4109               インド                 1170
              22000         世界                   970
```

図2.2　世界各国の降水量

に大切であるかを端的に示している．

　水の循環は水の蒸発と降水によって行われているが，この水の循環は大気や地上の自然浄化装置といってもよいが，自然の浄化装置が正常に作動してくれればのことである．地表への全降水量は年間 11 万 km³ あるとされ，これは琵琶湖の水量のほぼ 4000 倍に相当する．世界各国の降水量は図2.2に示すように国によって大きく異なり，最大はインドネシア(チェラプンジ)の 264161 mm，最小はエジプト(アスワン)の 0.5 mm である．陸地の全降水量の 61.1% は植物や土壌に吸収されるが，残りの 38.8% は川や地下水を通して海に流れ込む水である．日本は狭い国土であるが世界では降水量が多い恵まれた国である．しかし，日本は人口密度が高いため，1 人当たりの降水量では世界平均より少ない．このような状態を考えると，今後日本は水の利用方法や再利用については真剣に取り組まなければならない環境にある．

　世界的に見ても，いずれの国も大都市は人口も多く，使用される水の量も多い．そのため，大都市圏では飲料水を確保するための貯水ダムを備えている所が多く，その貯水量は図2.3に示すような状況である．図に示されているように，日本は水には比較的恵まれているが，大都市東京での貯水量はあまり多くないのが心配である．地球上の水は蒸発と降水によって循環しているが，地球上の全水量は太古から変化なく，その分布は図2.4のように，大部分が海水であり，次いで氷雪水，地下水と続き，人間と動植物が利用できる淡水は全地球上の淡水の 0.19% であり，全水量の 0.011% 程度の僅かな量しかないのである．今後の世界人口の増加を考慮すると，日本はもちろんのこと，世界的にも水不足や汚染の問題は人の生命を直接支配するだけに，何よりも優先して取り

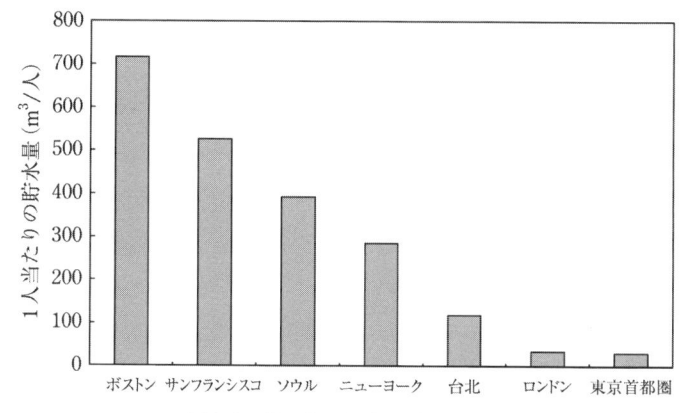

図 2.3　各国主要都市のダム貯水量

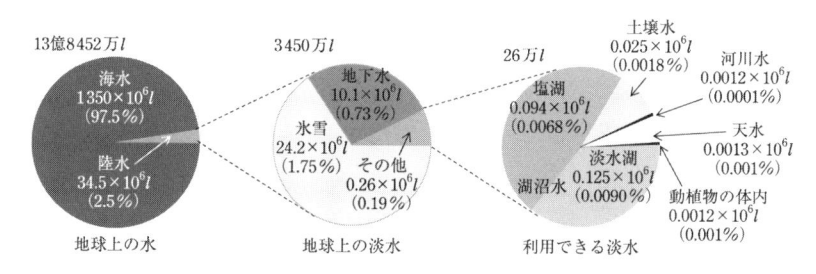

図 2.4　地球上の水の現存量とその割合

組まなければならない問題である．

　世界の水使用量は人口増にも依存するが，1900年から見ると人口増加の2倍を超えて現在では6倍にまで増加している．水資源は地球上でも偏在しているし，国によって取り組む姿勢にも違いがあるので，水の利用量や利用方法等に大きな違いが出てくる．したがって，世界の中でも**図2.5**に示すように水不足で生活している人口は予想以上に多く，水欠乏状態にある（1000l以下）人口は5億人を超え，水ストレス状態が15億人おり，水不足を含めると人工の67％を超えている．

　水の利用は20世紀後半に急増し，**図2.6**に示すように過去50年で人口は2倍に増加したが水資源の取水量は2.6倍に増加してきており，今後人口も増加するが人口増加率以上に高い増加率の水の使用量の増加予想にどう対応するか

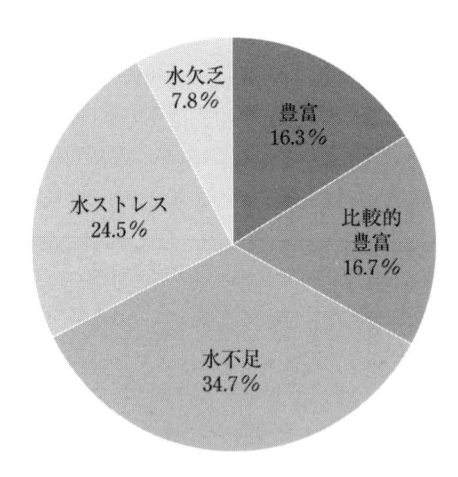

図 2.5 利用可能水別の世界人口分布

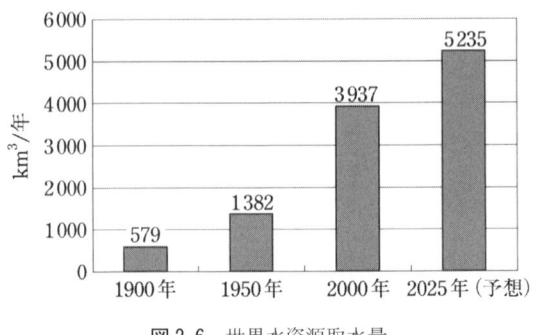

図 2.6 世界水資源取水量

は大きな課題である．

推計によれば，2025 年には地球上の 30 億人と 52 の国が水飢饉に直面し，更に 21 世紀半ばには水飢饉は 40 億人以上に達するとも予想されている．水は日々の生活はもちろんのこと，環境，産業活動等の全ての基礎である．水不足は将来の脅威ではなく，現在でも日々直面し，悪化しているのが実情である．このように，水問題は生命に直接かかわる問題であるので，地球温暖化やエネルギー枯渇などより緊急性があり，深刻な問題であるという意識が必要である．国連においても「21 世紀の水管理が人類史上最大の試練になるかも知れない」とも結論しているほどである．地球表面積の 70％を占めている大量の海水は地球表面の気温を安定化してくれている役割を果たしていることも忘れてはならない．水は温めやすく冷めにくいからである．この地球の温度安定化も水の大きな役割でもあろう．大気も水も生命体も，一見各々が独立しているように見えるが，地球上ではこれらが全て相互に相補的関係にあり，補いながらバランスしていることだけは確かである．

第 3 章　日本の水

　日本はアジアのモンスーン地帯と呼ばれる多雨地域に位置しており，降水量は図 2.2 に示したように年間 1718 mm 程であり，世界平均 970 mm のほぼ 2 倍もある恵まれた国である．そのためであろうか，この恵まれた水環境にある日本には 107 種類の哺乳類が住んでいるが，同じ島国であるイギリスには 42 種類，ニュージランドには 3 種類しか住んではいない等の違いがある．国内に生物の住んでいる種類はその国の自然の豊かさを象徴するともいっても良いであろう．恵まれた豊富な降水量のためか，日本は水不足が到来するかもしれないことに対する危機感は比較的薄い国であるといって良い．実際には全降水量のうち 35％は蒸発し，残りの 4200 億 m^2 が利用できるのであるが，実際にはそのうち 877 億m^3 だけが使われているので，結果として水賦存率は 21％程度になっている．日本は人口密度が高いため，1 人あたりでは 5100 m^3/年・人で，世界平均 22000 m^3/年・人の 1/4 にしかならない．しかも，日本の水源には季節性があり（流況係数が大），国土が狭い上に南北に長く，全面積の 70％が山林であり，高低差が大きいので，図 3.1 に示すように川は世界各国に比べて標高はあるが長さが短い．そのため日本は水の落差をエネルギー源として利用す

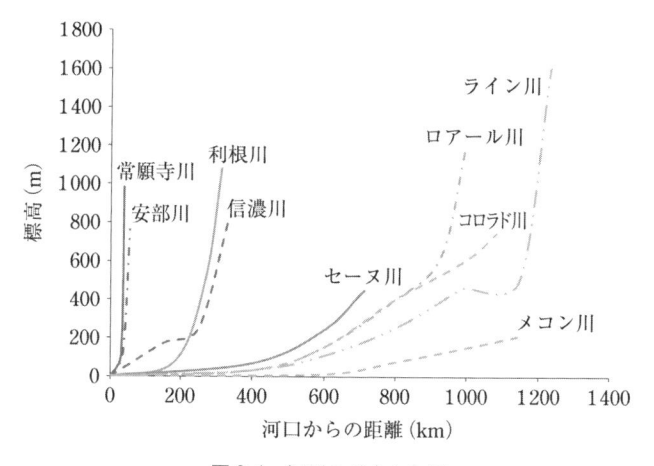

図 3.1　河川の長さと勾配

る水力発電には多く利用してきた．しかし，水が河川を流れている時間と距離が短く(流出係数が大)，水を利用できる時間が短いことになっている．この図には示されていないが，世界でナイル川に次いで2番目に長いブラジルのアマゾン川の長さは6516kmあるが，3800kmの山間地でも80mの落差しかなく，水はゆっくりと長時間かかって流れているので，河の水は多くの成分を溶解している．日本の河川は長さが短いので河川水は土壌からの溶解物質の比較的少ない水が多い．そのため日本の水は水中に含まれるカルシウムやマグネシウムなどのミネラル成分が少なく，したがって水中のミネラル類の含有量で決まる水の硬度は日本の水の多くは60以下(一般に硬度200以上が硬水，200以下が軟水)で軟水である．このことは世界各国の主要河川の水の多くは硬度が100以上であり，場所によっては500以上の所もある．これに対し日本の水は硬度も低く，本質的に美味しい水である．

　日本は国土は狭いが降水量が多く，水が豊富であるため，蛇口をひねれば水が何時でも出るのが当たり前と思われているほど水には恵まれた国である．しかし，国土の狭い日本が降雨を更に有効に利用するには陸地における水の滞在時間を少しでも長くする手段として水の平準化を図ることが必要である．その方法としては森林の整備をはじめダムなどの一次貯留を推進することが必要である．森林は水の保留と同時にCO_2の吸収による温暖化ガスの貯蔵庫の役割でもあり，地球温暖化抑制への貢献にも大きく寄与している重要項目でもある．特に日本の地形を考慮すれば，人工的にも陸地内に貯水量を確保するための貯水ダムが必要な国である点は世界の他の国と異なるといえよう．水の消費は人口増加によるものが大きいが，日本においては戦後の科学技術の貢献による産業の発展も水の消費拡大の大きな要因にもなったのである．それは図3.2を見れば明らかなように，日本の国民総生産(GDP)と都市での水使用量はほぼ相応して増加していることからも明らかである．

　現在日本の国内使用水の内訳は図3.3のように887億t (887億m^3)であるが，日本も世界と同様に農業用水への使用割合が最も多い(69.6％)状況下にある．しかし，日本は水力発電を含む日本の科学技術を支えている工業用水は16％に留まっている．この日本の工業用水の割合は世界の20％(図4.4)に比べて少ないのは何故であろうか．日本のGDPの高さから見ると，工業用水として

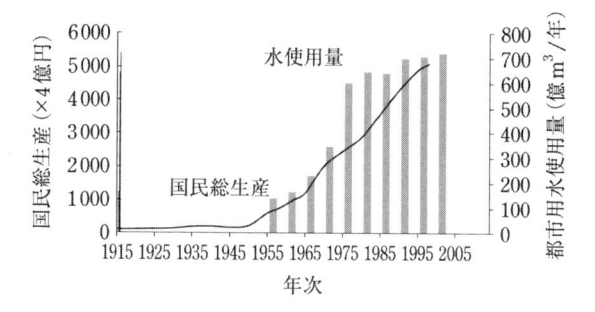

図 3.2 国民総生産と都市部水使用量の経時変化

使われている水の割合は少ない国に属するのは不思議である．この理由は日本の工業用水は水処理技術などを活用して水の再生利用率が世界の中では非常に高く，80％に達しているためであり，これは日本が水を有効に利用している一つの証でもある．工業用水の詳細は 13 章で述べることにする．生活用水は年々増加傾向にあるが，現在の 19％の内訳をみると，図 3.4 に示されるように，家庭内で消費する生活用水の中で最も注目される飲料として使用されているのは 1％程度であり，ほんのわずかな量である．

日本は水資源には恵まれているが，エネルギー資源の 97％は輸入であり，食糧についても 41％の自給率しかなく，60％に近い食量は輸入に依存している国である．食糧の輸入に関してはその背景に，食糧を生産するに要した水について考えてみる必要がある．輸出入にかかわる農産物や食肉を生産する過程で要した水を仮想水

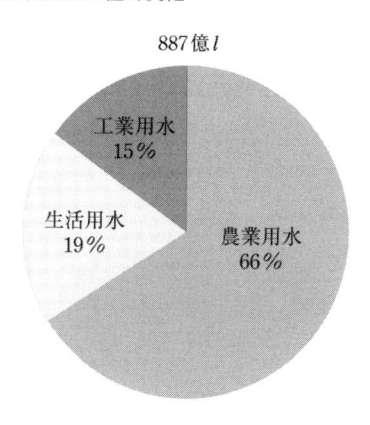

図 3.3 日本の使用水内訳

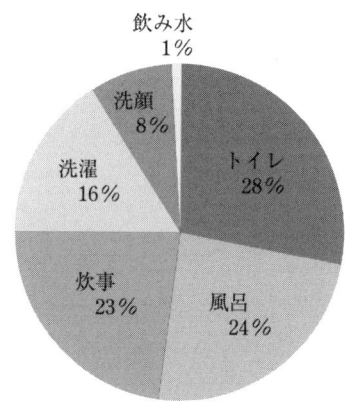

図 3.4 生活用水の内訳(1 当たり 240 l)

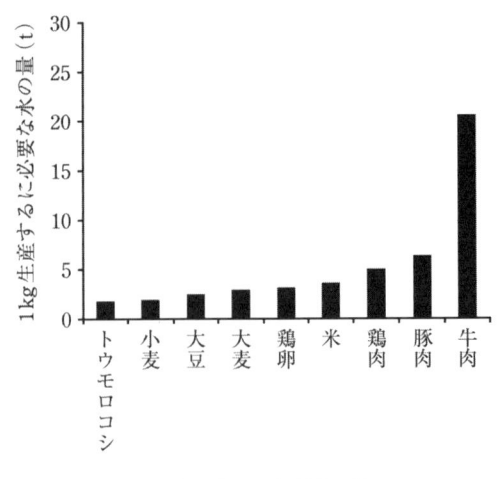

図3.5 食品の仮想水の量

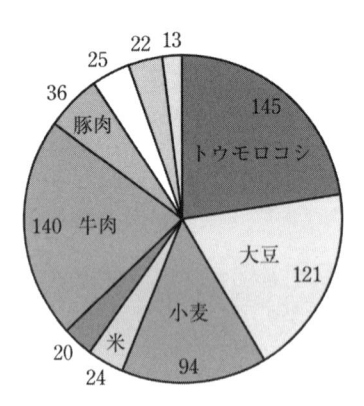

図3.6 日本の品目別仮想投入水量（バーチャルウォータ）（億 m^3/年）

（Virtual Water：VW，バーチャルウォータ）と呼んでいる．農産品などの仮想水は図3.5に示すように，これらを 1kg 生産するに要した水の量で示され，生産されるものによって大きく異なっている．中でも牛肉をはじめとする肉類は家畜の飼料の生産に要した水も含まれるので VW は非常に多いことになる．日本のように食糧の自給率が低く，特に肉類の多くを輸入に頼っている国の場合は輸入製品に関する仮想水を多量に消費していることになる．そのため図3.6に示すように仮想水の多い牛肉をはじめとして日本は年間 VW として 640 億 m^3 もの多量の水を食量として輸入している事になる．この VW の量は日本の水の使用量にほぼ匹敵する量である．

国の水の真の自給率は仮想水も含めて評価する必要があることから，自給率を次式のように定義して，世界各国の水の自給率を算出した結果を図3.7に示す．

$$自給率 = \frac{国内取水量＋農業用水}{国内取水量＋農業用水＋VW輸入量－VW輸出量} \quad (3.1)$$

自給率 100％以下の国は多いが，中でも日本は食糧の自給率が 40％台であり，食品の輸入が多いため（多量の VW 輸入量）低い水の自給率となる．食に関する国の安全・安心の面からも，もう少し食料の実質的な自給率を向上させ

ることは国としてとるべき大きな施策の一つであると考える.

実際に日本が今輸入している食品を全量国内で生産するとすれば,その水の量は 6400 億 m^3 にもなり,日本国内の水資源にほぼ匹敵する量に近くなる.化石燃料も問題であるが,日本は水が豊富にある国としてきたが,水不足も将来的に深刻な問題をはらんでいることを忘れてはいけない.しかし,日本は人口も産業も 5 割が集中している大都市部の地域の面積は 17％しかないが,この人口密集地域の水資源の供給を今後も円滑にするためには主要な七つの水系(利根川,荒川,隅田川,木曽川,淀川,吉野川,筑後川)を指定して,開発と利用の合理化を更に進める必要がある.

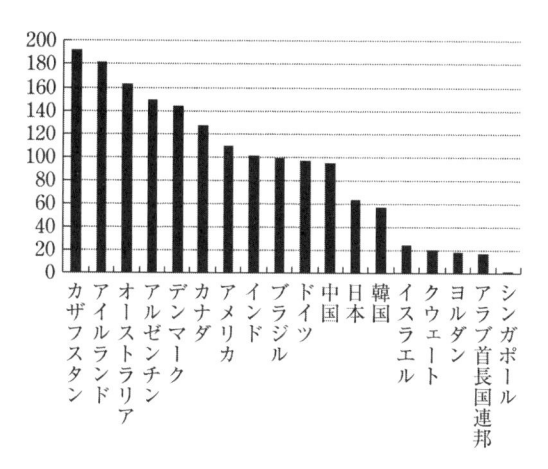

図 3.7　各国の水自給率(%)

第4章　人口と水

　世界人口は1960年には30億人余であったが，2000年には60億人余になったので40年で人口が倍増し，世界の人口は現在では68億人を超えた．国連の調査や環境白書等によると世界の人口は図4.1に示すように，最近の100年で急増し4倍になっている．また，更に統計によると今後は2050年には少なくとも80億人，多ければ120億人を超えるのではないかとさえいわれている．

　人口の増加率は図4.2に示すように国によって異なり，全体としての増加率は減少傾向に入っているが，世界全体では今でも人口増加率は1以上であり，

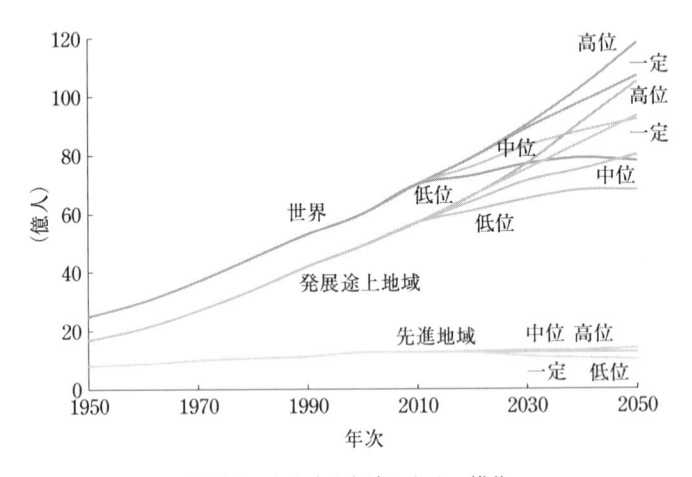

図4.1　出生率を仮定した人口推移

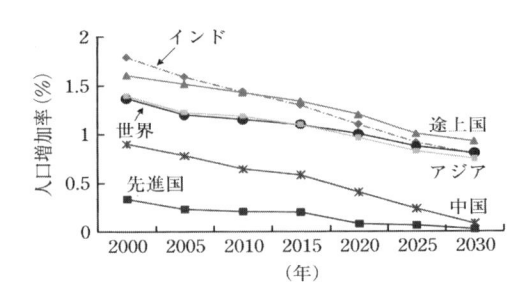

図4.2　人口増加率の推移

今でも人口は増加している状態である．幾つかの先進国の人口増加率は現在でも1以下になりつつあるが今後は更に増加率は減少しそうである．一方，現在の発展途上国の増加率は減少傾向にはあるが，世界全体としての増加率は未だ1より大きく，今後しばらくの間は人口の増加は続き，予想では世界全体の増加率が1以下になるのは2020年と予想されている．飛びぬけて世界一の人口，13億余の中国は発展途上国の中では特異な人口構成で，先進国並みの人口構成になっている．これは中国が「一人っ子政策」により子供の誕生を制限しているためである．このように世界の人口増加率は先進国全体では1以下であるが，先進国より発展途上国の人口の方が多いため，世界全体の人口は発展途上国に支配されるため，人口の総数の推計値は図4.1のように異なってくる．

地球上の全水量はほぼ14億km^3（14×10^8 km^3：140京t；1.4×10^{18}t）あるがその大部分（97.5％）は地表面積の70％を占めている海水であり，淡水は全水量のたった2.5％である．しかも，淡水の存在割合は**表4.1**に示すように飲料水として利用できるのは全水量の0.011％のみである．このわずかな水によって世界の67億の人々の生活が支えられているのである．人口増加もあり，世界の水の使用量は**図4.3**に示すように年々増加している．水の使用量は1000 km^{3}に達するまでには数千年を要したが，

表4.1 淡水の存在割合（総量 4.1×10^{15} m^3）

存在場所	存在割合（％）
極地と氷河の氷	75
地下水（深さ762〜3810m）	14
地下水（深さ762mまで）	11
湖沼	0.3
土壌中	0.6
大気中	0.035
河川	0.03

出典：小出力，地球生命と支配する水(2002) p.96

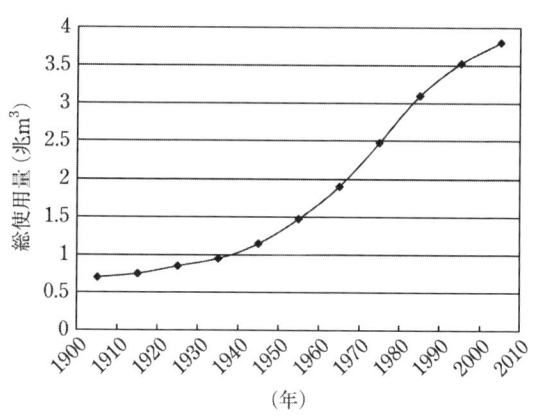

図4.3 世界の水総使用量

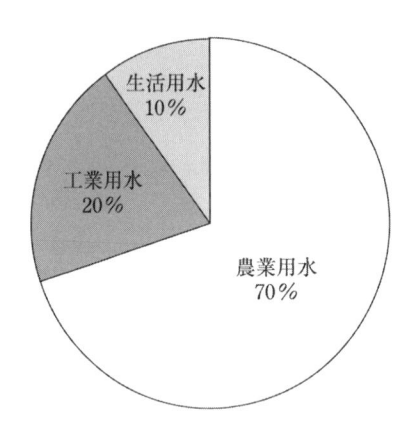

図 4.4 世界の使用水量の内訳

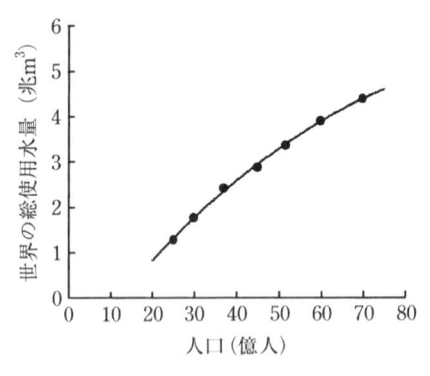

図 4.5 世界の人口と使用水量

その倍の 2000 km^3 になるのに 30 年，更に 3000 km^3 に達するには 20 年で達し，水の使用量は急に増加しているのである．現在は 1900 年に比べて 5 倍になり，年間使用量は 3.8 兆 m^3 (3.8 ×10^{12} t) になっている．その内訳は図 4.4 に示すように，使用水の 70% は農業用である．生活用水も 10% となっているが，その中身は国によって大きく異なり，途上国では 1 日数 l の国もある一方，先進国では 100 l の国もある．世界的には水の使用量は増加しており，その原因の多くは図 4.5 に示したように，世界の人口の増加に相応した使用水量となっている．しかし，水は文化のバロメータとも言われているように，文化的で生活レベルが向上することによる水の使用量増加も加わっているであろう．水の供給は自然環境により変化し，循環している水は時には雨による洪水や渇水はローカルにはあるが，世界全体でみれば蒸発量と降雨量はほぼ一定である．今後経済発展や人口増加等による更なる水の使用量の増加は必至であろう．

現在でも世界人口の 2 割に当たる 12〜13 億人は安全な飲料水が得られない人々がいるし，4 割に当たる 23 億人は下水など衛生設備の無い環境で生活をしている．この割合は地球上の人口の 5.5 人に 1 人の割合である．これらも深刻なことではあるが，さらに深刻なことは年に 200 万人の子供達が水が原因の病気で命が失われている現状があることである．

水の今後については突発的なことがなければ次のような状況が予測されてい

る．2025 年には世界の半分以上の国で淡水の使用量が使用可能量を超え，水不足になり，世界的な水の需要は現在の 4000 km^3 から 2025 年には 5200 km^3 になり，更に 2050 年には 9250 km^3 に増加し，人口の多くが水不足に直面するのではないかとさえいわれている．

以前からエネルギーや食糧の供給量の限界が指摘されてきたが，人口が 65 億人を超えた頃からエネルギーや食糧に加え，現実に水不足が懸念されるようになってきている．しかも，人口増加率は発展途上国の方が高いため，今後は水不足問題の多くは発展途上国に多くのしかかってくることになる．

世界的に陸地に降る雨の年間総量は 115 兆 t (115×10^3 km^3) であるが，この平均年間降水量は今後何年経っても変わらずに継続するであろう．しかし，地上に残る水量は 40 兆 t (40×10^3 km^3) である．このうち人類が利用できるのはたったの 38 億 t (3.8 km^3) である．

生活用水と人口との関係は図 4.6 に示すように，何れの生命維持のための必需品は年々増加していており，何れもその増加率は人口の増加率よりも高い．これ等の中でも水の増加率が最も高くなっている．特に水については人口増による農業用水の増加，食生活の変化，日常の生活スタイルの変化等による水の使用量の増加が見込まれるため，世界的に水不足となるのは人口の 2/3 に達するであろうと国連は既に 1997 年段階で予測している．特に深刻なことは日本

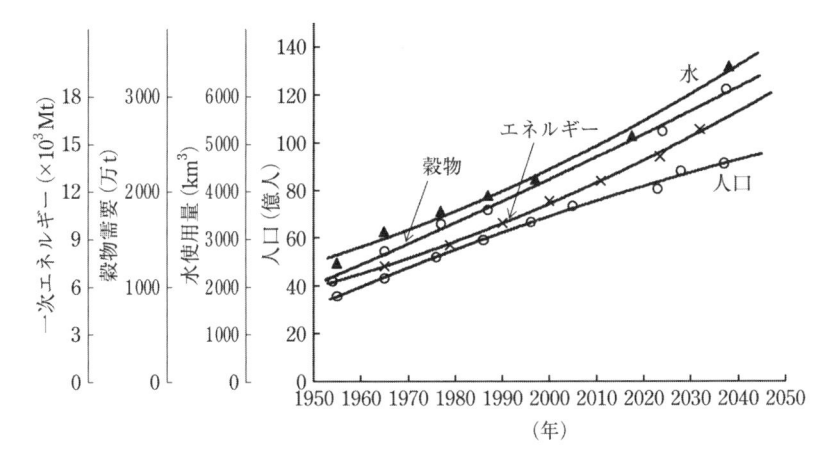

図 4.6　人口と水および生活必需品の経年変化

第4章 人口と水

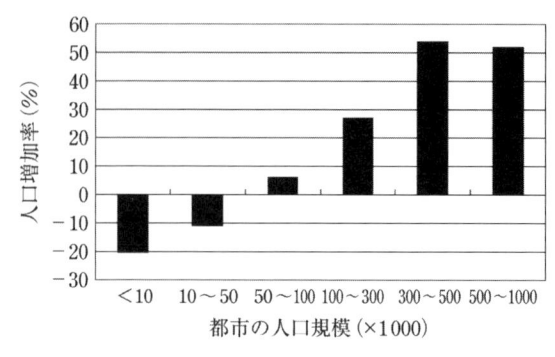

図4.7 地方自治体の人口の推移

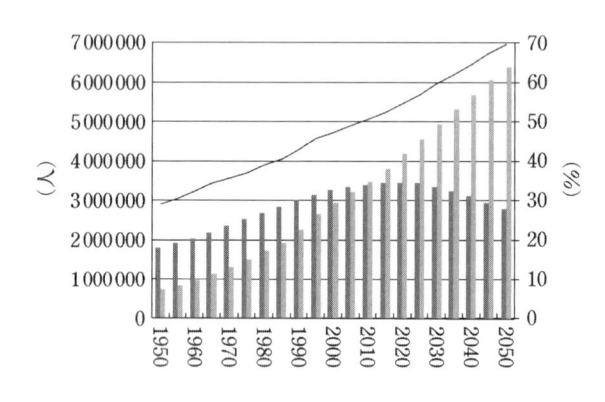

図4.8 世界の都市および地方の人口予測
■：地方人口　■：都市人口　―：都市人口割合

のような先進国では現在でも既に図4.7に示すように，人口の都市部への集中化が進んでいることである．人口の集中化が顕著で，0.5～10万人以下の小市町村では人口は減少しているのに対して10～50万人以上の都市部での人口は増加し，急激な人口増加している．この傾向は先進国だけに限らず，世界的に見ても図4.8のように10～15年後には都市圏人口割合は高まる傾向にある．したがって，今後は世界的に見ても都市部での水使用量が更に増加するので，水不足の深刻さは特に都市部で大きくなる．

　今後も人口増加，産業の発展，森林の減少・荒廃などが更に累積的に進み，水の質と量の両面において現在より深刻化が進み，2050年には世界人口の3/5が水の不足に直面する可能性がある．21世紀の最大の課題は人口と水に関して世界的に大きな問題となりそうで心配であり，水の将来像に対する危機意識の高まりの必要性を痛感する．技術的には浄水技術や淡水化技術などが進歩してきたことには明るく，大きな希望をもちつつも，水環境は心配の種である．

第 5 章　水の性質

水(H_2O)は無味無臭無色透明な物質であり，地球の自然状態の下で気体，液体，固体の三つの姿を私達に見せてくれる物質は水以外にはない．水は**図** 5.1 に示すように，化学構造の簡単な分子である．水は一つの酸素原子(O)に二つの水素原子(H)が 104.45°の角度，

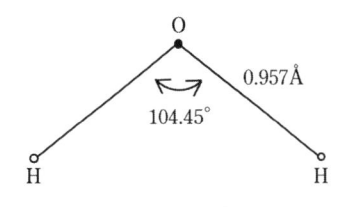

図 5.1　水の化学構造

0.957Åの距離で結合している分子である．水素原子は一般には H の記号で示すが，実際に水素の大部分は $^1H_2$(陽子 1 個と電子 1 個からなる)で示される水素であるが，2 倍の質量をもった重水素 $^2H_2$(陽子 1 個，中性子 1 個，電子 1 個からなる)：(D：Deuterium)や 3 倍の質量をもつ三重水素 $^3H_2$(陽子 1 個，中性子 2 個，電子 1 個からなる)：(T：Toritium)がある．$^2H_2$のような表示は水素と同様に酸素にも質量の異なる同位体が何種類もあるので，これ等の同位体の水素と酸素原子が結合した何種類もの水分子がある．しかし，一般には私達が水と呼んでいるのは厳密に化学記号で示せば $^1H_2^{16}O$ で示される軽水であり，この構造の水が地球上の全水量の 99.7％である．

一般の水の中に僅かに 0.17％存在する重水($D_2^{16}O$)を構成している重水素(D)は核融合に使うことができるので，将来の燃料として期待されている水であるが，ここでは重水についてはこれ以上深入りしないことにする．このように，厳密には何種類もの水はあるが，ここでは「$^1H_2^{16}O$」を以降では単に水と呼ぶことにしよう．水の物理的な性質は**表** 5.1 に示されるが，重水と水の性質は大きくは変わらない．この表を見ただけでは他の液体との差を区別するのは難しいが，例えば水の比熱は 1 であり，比熱は 1g の水を 1℃上昇させるために必要な熱量と定義されている．水の比熱は他の液体より大きく，水は他の液体より温めるのに多くのエネルギーが必要であることを示している．

一般の水素化合物は 0℃以下の温度で沸騰する物質が多いが，水の沸点は 100℃である．水の融点と沸点は 0℃と 100℃であるが，このように区切りのよい数値になっているのは何故であろうか．それは温度を示す摂氏の温度目盛

表5.1 水の物理的常数

性質	常水 (H$_2$O)	重水 (D$_2$O)
氷点(℃)	0.0	3.80
沸点(℃)	100.0	101.42
密度(g/cm^3, 20℃)	0.9980	1.1051
密度最大温度(℃)	3.98	11.6
臨界温度(℃)	374.2	371.5
臨界圧*(気圧)	217.7	218.6
融解熱(cal/mol)	1435	1523
蒸発熱(cal/mol)	9719	9919
比熱(15℃)	1.00	1.03
表面張力(dyn/cm, 19℃)	72.66	72.83
屈折率	1.33300	1.32844
モル凝固点降下	1.86	2.05
水のイオン積(22℃)	1×10^{-14}	0.16×10^{-14}

出典:http://www18.ocon.ne.jp/ryusm/newpageM3.html

表5.2 液体の融点と沸点

物質	融点(℃)	沸点(℃)
水	0	100
エタノール	-115	78
ナフタレン	81	218
パラジクロロベンゼン	54	174
窒素	-210	-196
酸素	-218	-183
食塩	801	1413
ジエチルエーテル	-116	35

りを定義する時に水の融点と沸点を基準に定めたことのためである.各種の物質の融点と沸点は表5.2に示すが,水は他の液体に比べて融点も沸点も高く,この水の性質が地球の自然環境を支配している要素ともなっている.1気圧における水の融点,沸点を各々0℃および100℃と定めているが,水の状態は温度と圧力の変化によって図5.2のように他の物質とは異なる性質をもった物質である.水は自然環境の下でも固体,液体,気体および臨界状態を示すが,それは温度と圧力によってAT,BT,TKおよびCKDの線によって区分されているように変化する.このように,自然環境下で三つの状態を示す物質は水以外にはない.T点は0℃1気圧に相当し,水がこの点で氷となる点であり,三重点と呼んでいる.温度と圧力によって固体(氷),液体(水),気体(水蒸気)と臨界状態が変化し,この境界を決めている点が三重点Tと臨界点Kである.臨界点を超えた超臨界水は一般にはなじみがない状態の水ではあるが,超臨界水の代表的な物性を表5.3に示す.超臨界水は「密度の高い水蒸気」または「気体と液体の両方の性質を合わせもった水蒸気」と表現できるような性質をもった状態の水であるといえる.

水は22.1MPaの圧力では0℃から274℃までは液体状態で存在する.また0℃以下でも圧力が高い状態では凍っていない水(過冷却状態)という不安定な

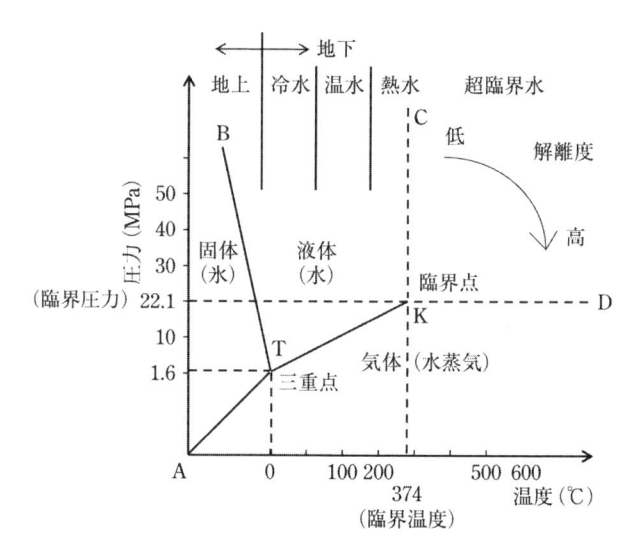

図 5.2 水の三態図

表 5.3 超臨界水の物性値

状態	気体	超臨界	液体
密度(kg/m^3)	0.6〜2	200〜900	600〜1600
粘度(10^{5}kg/m/s)	1〜3	1〜9	20〜300
拡散係数(10^{8}m/s)	1000〜4000	1〜40	0.02〜0.2
熱伝導率(mW/m/K)	4〜30	20〜150	80〜250

水の状態もある．超純水の水は 25℃ で 10^{-7} (mol/l) が電離し，水素イオンとなって存在していて，水中ではこのイオンが赤外線を吸収するために実際には無色透明の水ではあるがわずか青色を呈している．

　ここで一つ余談になるが記述することにしよう．それはアイススケートのスケートは何故氷上でよく滑るのかについてである．スケート靴の刃の先端は細いので，氷とスケートの刃の間の摩擦抵抗は非常に小さいことも一つの理由である．それと同時に，刃と氷の表面との間には体重によって非常に高い圧力が加わり，歯と氷の接触面の氷が局部的に溶けて水になる．図 5.2 で氷は TB 線に沿って見ると，温度変化がなくても圧力が高くなれば，その部分の氷は溶けて水になる．体重のかかったスケートの刃の先端は細いのでスケートのエッジと氷の表面の間には高い圧力が加わり，その結果，瞬間的にエッジの先端部には薄い水の層ができ，この水がエッジと氷の間を滑りやすくしているのである．

高い圧力にするためにエッジの先端は限りなく細くしているのである．スケートの刃の先端でこのような現象が起こっている原理を不思議とは思わず，当たり前の現象として見過ごしていることが多くある．このように，常識的に当り前の現象と思っているが私達は意外とその原理を知らないことが多いかも知れない．

図 5.2 における TK 線は気圧により沸点が変化することを示しており，沸点の上限が臨界点である．富士山の山頂では気圧が低いので水が 100℃でなく 80℃で沸騰することはよく知られている．この現象は図 5.2 で K から T 方向に向かったことの表れの現象である．

温度と気圧が上昇すると臨界点 K に達し，その時の臨界温度は 374℃，臨界圧力は 221 気圧 (22.1 MPa) である．CKD で囲まれた範囲を超臨界状態と呼び，この範囲では液体の水と水蒸気の区別がつかない状態で高密度水蒸気の状態を示す．圧力変化によって臨界水の密度が大幅に変化する．水は液体と固体の状態も他の物質とは全く異なる性質を示す．

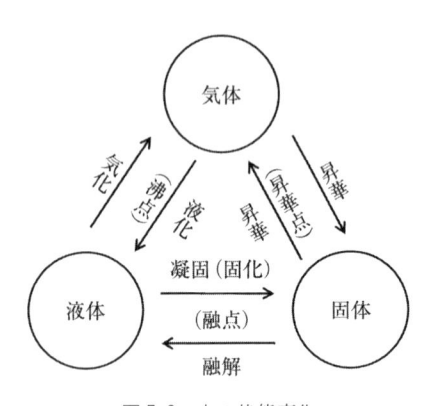

図 5.3 水の状態変化

大気中で水蒸気，水，氷の間の変化の境界点は図 5.3 に示すように沸点，融点および昇華でリング状に変化する．水と氷の状態の密度変化は図 5.4 に示すように，氷が溶けて水になると体積はほぼ 10% (1/11) 減少するので，固体の氷は水より比重が軽いので水に浮く．しかし，水以外の物質は水の場合とは逆に温度上昇して液体になると体

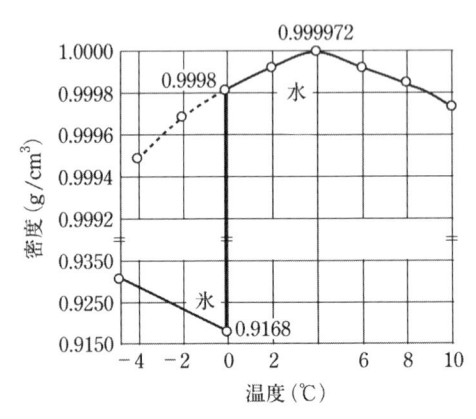

図 5.4 水の密度の温度変化（波線は過冷却状態を示す）

積が膨張するので密度が低くなり，軽くなる．水の場合は 4℃（正確には 3.94℃）で密度が最大になり，更に温度が上昇するにつれて膨張して密度が低くなる．また 4℃以下になると密度が下がり，0℃以下になると氷となり，比重が小さくなる．

水の状態および状態変化はいろいろな基準にも使われている．水は4℃で最も比重が大きく，この時の 1cm³ 当たりの質量を基準にして，この重さを 1g と定義されているのである．また，1g の水を 1℃上昇させるに必要な熱量を 1cal と定義もしている．水の比重が高い性質は水が熱しやすく冷め難い性質であり，結果として水は多量のエネルギーを蓄える性質があることはこのためである．水には他の液体にはない，いろいろな特徴があるが，それらを纏めると**表5.4**に示すような水に特有な性質がある．

この表には示されてはいないが，面白い液体の性質について少し記述しておく．それは毛細管現象である．毛細管現象はストローのような細管を液体中に立てると管の内側を液体が細管内面に沿って上昇する現象である．毛細管現象（H）は次の式で示される．

$$H = \frac{3T\cos\theta}{\rho g r} \tag{5.1}$$

ここに，T：表面張力(N/m)，θ：接触角(度)，ρ：液体の密度(kg/m³)，g：重力加速度(9.8m/s²)，r：管の内半径(m)である．

液体が水であればこの式は $H = 1.4/r$ (cm)と示され，例えば内径 0.1mm のガラス細管であれば，水の上昇する高さは 28cm となる．また，タオル，ガーゼやティッシュペーパーが水を良く吸い取るのは細い繊維間に多量に存在する細い隙間による毛細管現象によってもたらされる現象であることを知っている人は少ないかも知れない．細管の半径によって**図5.5**に示されるように管径が細くなると急激に上昇する性質がある

表5.4 水の特徴

1	氷になると体積が9％増す(比重が小さくなる)
2	沸点は非常に高い(100℃)
3	比熱が高い(1cal/g, 水以外は 0.5cal/g 程度)
4	物質をよく溶解する(万能溶媒)
5	カロリー，比熱，質量，潜熱の単位の基準となっている
6	反磁性物質である
7	比誘電率が高い($\varepsilon_s = 79.87$, 空気は $\varepsilon_s = 1$)
8	無味・無臭・無色・透明

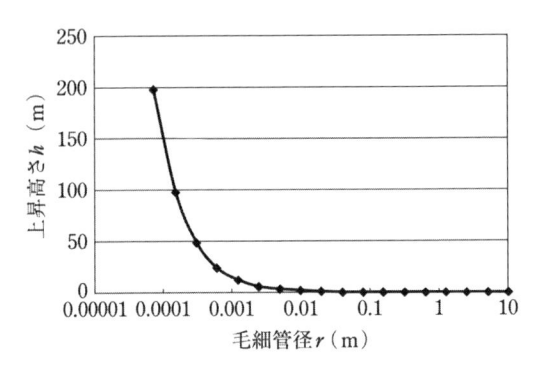

図 5.5 毛細管半径と水の上昇高さ

表 5.5 水の用途

利用形態	例
生体摂取	飲用, 食物, 根より吸収, 細胞活動
熱交換	エンジン, エアコン, ラジエータ
温度利用	入浴, 湯泉, 床暖房
浮力	水泳, 船舶
溶媒	水割り, 洗濯, 超純水
相転移	スキー, スケート
エネルギー	水車, 水力発電, 波力発電
蒸気	蒸気機関, 火力発電, 原子力発電
消火	消火栓, 消防用水

ので, ガーゼやティッシュペーパーは繊維が細ければ細い程良く水を吸い上げることになる.

水が固体である氷になると比重が軽くなることは氷が水に浮くことで明瞭であるが, 液体より固体のほうが軽くなる物質は水以外にはアンチモンしかなく, 水の特異な性質といえる. 水は飲料水と共に, **表 5.5** に示すような全ての分野ともいえるほどの多くの分野に利用されている. 私達が水から受けている恩恵は計り知れず, 絶大であるが, あまりにも身近であるがために, その果たしてくれている役割は, それが当たり前と思われていることが多い. 例えば汚れ物を清めてくれる存在でもあり, 「水に流す」と巷で比喩するのもそのことを端的に示している言葉であろう.

第 6 章　水 と 生 命

　人は生命を維持するため,すなわち飲用だけなら1人が1日 2.5l,1年にほぼ 1000m^3 の水があれば十分である.しかし,現在では風呂.トイレ,炊事等を含めると 1 日 314l になる.更に食料生産を始めその他生活に必要な水も多量である.人間が生活圏としてスタートした所は川の沿線,泉や湖沼などであり,まさしく飲料水が得やすい所であり,そこが文明が拓かれた原点となったことは歴史が教えてくれている.このことは水が人間のみならず全ての動植物の発祥とその維持の根源であることを示している.人は空気は数分,水は1週間,食量は1カ月とれなければ死に至る.この時間の長さは生命維持に何が重要であるかのバロメータでもあろう.

　不思議なことではないかもしれないが,何故か地球の表面も成人の体重も水が含まれている割合はほぼ同じ 60〜70％である.しかし,新生児では更に高く 80％,老人になると 50％近くまで減少する.血液の 90％,人の脳でも 80％は水であり,体内には 30 兆個もの細胞があり,その細胞内はタンパク質,核酸,糖質等が 20 兆以上組み合わされているが,水はその中心にいて,それらを結び付けるための重要な役割を果たしている.水の含有割合が 60〜70％というのは人間ばかりでなく,多くの生物に共通した含有割合である.私たちは図6.1に示すように 1 日に食物や飲料水などを通じて約 2.5l の水を摂取し,いろいろな経路を通じてほぼ同量を排出している.この図で酸化水とは体内でタンパク質や炭水化物,脂肪などの分解によって作られる水である.排出する水で呼気や皮膚からの排出は季節によって異なるが,比較的多い量である.人間が生命を維持していくために必要で,一生の間に飲む水の量は 50〜75m^3 程度とされている.

　人間は体内の水分が 1％少なくなると猛烈にのどが渇き,2.5％減少すると発熱・幻覚症状となり,5％少なくなると脱水症状となり,さらに 12％では死に至るという.体内で水は栄養や老廃物を溶かす溶媒として,またそれ等を体内や体外に運ぶキャリアーとしての役割を果たし,生命を維持するための大役を果たしている.さらに,水は体内で行われている生体反応に関与するイオ

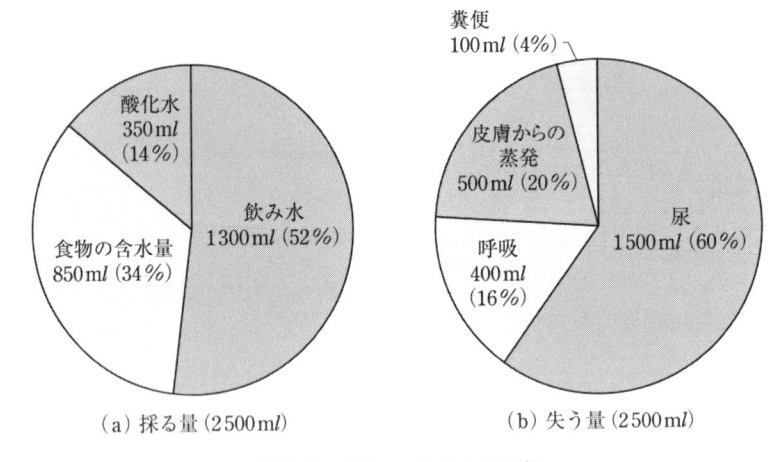

(a) 採る量 (2500 ml)
- 酸化水 350 ml (14%)
- 飲み水 1300 ml (52%)
- 食物の含水量 850 ml (34%)

(b) 失う量 (2500 ml)
- 糞便 100 ml (4%)
- 皮膚からの蒸発 500 ml (20%)
- 呼吸 400 ml (16%)
- 尿 1500 ml (60%)

図 6.1　成人の 1 日の水の収支

ンの溶媒の役割や体温を一定に保つという大切な役割なども担っている．骨の中も 22% は水が含まれており，まさしく生命の水である．人が一生の間に呑む飲料以外に使用する水を含めると飲料用の 100 倍以上は必要であるとされ，人間が生活し，生命を維持するためにはいかに多量の水が必要であるかは想像を超えている．人類の起源が水辺から始まったことから見ても，水がいかに人間生活にとって大切な役割を果たしているかについては改めてこれ以上述べる必要はないであろう．酸素を必要としない生物は存在するが，水なしで生きられる生物は一つもない．

日本では時には夏に水不足で給水制限をすることはあるが，日頃はそれほど深刻な水不足に見舞われることは少ない恵まれた国である．その理由は日本の降水量が世界平均 (970 mm/年) の 2 倍 (1718 mm/年) 近くもあるという地球上の緯度的な位置づけが幸いしているといってもよいであろう．しかし，世界的に見れば，この 100 年で人口が 4 倍に増えた一方で，水の使用量は 7 倍に増加した．世界で 1 人当たり生活に必要な水資源量と人口との関係は図 6.2 に示すように，人の偏在性が大きい．

人は 1 年に 4000 m^3 の水資源が必要とされているが，現在でもそれ以下の人口が 45 億人，水ストレスと呼ばれる 1700 m^3 以下が 15 億人，および水不足と呼ばれる 1000 m^3 以下が 3.3 億人にも達している．安全な飲み水が得られない

図6.2のグラフ部分:

1人当たりの水資源 (m³/(人・年))

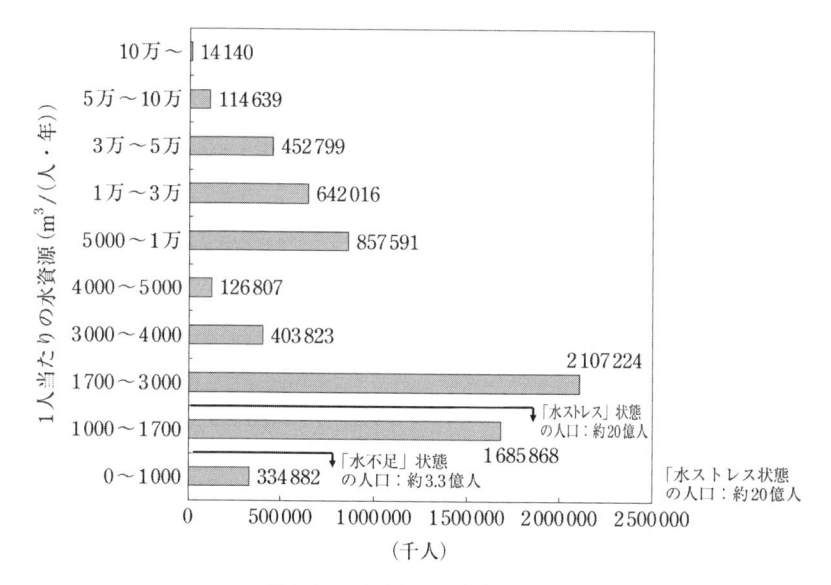

区分	人数(千人)
10万〜	14 140
5万〜10万	114 639
3万〜5万	452 799
1万〜3万	642 016
5000〜1万	857 591
4000〜5000	126 807
3000〜4000	403 823
1700〜3000	2 107 224
1000〜1700	1 685 868
0〜1000	334 882

「水ストレス」状態の人口：約20億人
「水不足」状態の人口：約3.3億人

図6.2　1人当たりの水資源と人口

人が世界人口の1/5もあり，人数では12〜13億人にも達する．飲み水に汚染と不足が重なれば乳児の死亡率は10倍になるとも言われる程深刻である．現在でも不衛生の水しか得られずに亡くなる子供は世界中では毎日6000人にもなっている．

更に今後15年後を予測したデータによれば，世界には「490m³/人未満」の深刻な水不足に陥る人々はアフリカのアルジェリア等，アジアのヨルダン等やアラブ首長国連邦等に世界人口の2.8%の人々になる．更には世界の5.3%の人口が「480〜980m³/人」程度の水しかなく慢性的水不足にあえぐ現状となる．更に，慢性的ではないが，部分的な水不足を感じる人々を含めると世界人口の40%を超える人たちが水不足の状態になるという深刻な状態を推定している．このような数値を見ると，水が比較的豊富である日本人に改めて水の大切さを強く思い知らされる．人間の生活，生命にとって水の役割がいかに大きいかははかり知れない．

水は現在も私たち人間の命を支えている基盤であると同時に，地球上に生命が誕生して以来，動植物の生命の発現の場であることは私達の生活の中で，常

に見たり，感じたりしていることであり，水が自然環境を維持している土台の土台であるといってもよい．水は動植物の生命活動のみならず，多くの化学反応の溶媒としても必要不可欠である．

直接生活に必要な水の重要性はもちろんであるが，特に体力の弱い子供にとっては更に重要性は高く，このことは図 6.3 を見れば一目瞭然である．各国の乳児死亡率は水が十分に使用できる環境で育てられているか否かに大きく依存しているのには驚かされる．1 人当たりの生活用水は降水量にも依存するであろうが，この図からは先進国と発展途上国による差が歴然と読み取れる．現在は世界人口の 1/3 以上は不衛生な水環境の下で，水の汚染に悩まされながら生活しているのが実情である．水が原因で失われる人命は 500 万人もあり，その 90％は体力のない子供のようである．このように水は循環しているので，無限のようではあるが，地域的に偏在しているので有限であり，脆弱な資源でもある．現在でもサハラ砂漠以南のアフリカは人口の 44％は安全な水が得られていない．水不足は 50 年後に人口が 92 億人に達するとすれば，最低でも 20 億人，最悪なら 70 億人が水不足に直面することを国連は予測しているほどで

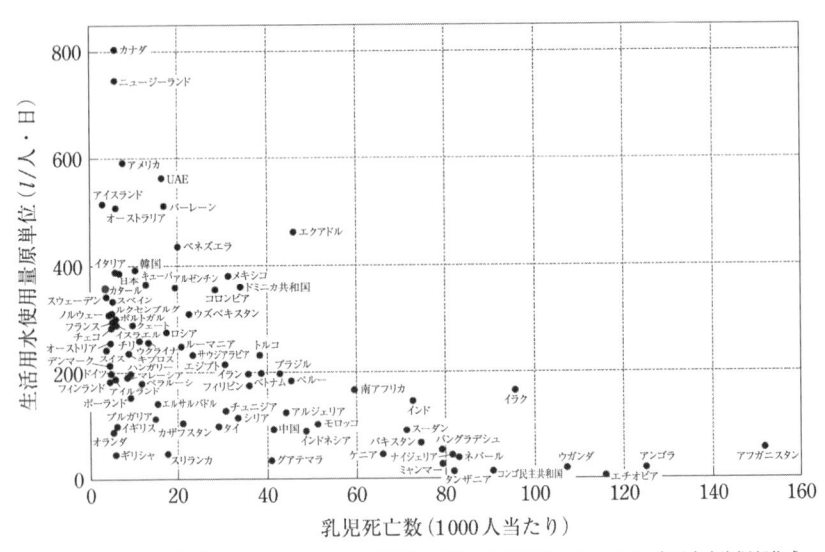

(注) 総務省「世界の統計 2003」および国連食糧農業機関資料をもとに国土交通省水資源部作成

図 6.3　各国の乳児死亡率と生活用水使用量

あり，将来的にみると水不足は極めて深刻な問題である．

　世界で日本は1人当たりの降水量も生活用水も決して高くない国に位置している．しかし，日本は乳幼児の死亡率は極めて低く，世界に誇れる要素であろう．それはやはり，日本の高い水処理技術による安全な水の供給できていることによるにものであろう．

第 7 章　飲料水

　河川の水をそのまま飲めなくなったのは人間生活が川の水を汚しているからであり，私達は水の加害者であると同時に被害者なのである．日本では蛇口をひねれば直ちに水がジャンジャン出てくるのが当たり前の感覚である．しかし，世界には中国の北部のように水資源そのものが不足している地域もある．また，世界の人口 60 億余のうちにはアジアとアフリカを中心として，水資源はあっても安心できる飲料水が得られない国も多い．安心できる飲料水こそは私達の生命の源であるといっても良い．日本の水は世界的にも硬度が低く，水処理技術も高いレベルにあるので，安全でおいしい水が供給されている．しかし，日本では降水量は多いが，世界の他の国と違い，狭い国であるので，安定した水を供給するためにダム等により 1 年間安定した水が供給されている．小規模のものもあるが，ダムの数は 600 を超えている．

7.1　天然水

　かつては安心できる水といわなくても安心できる水であることは当たり前であった．その頃の水は都市部でも人口も工場も少なく，人的活動によって水質は汚されないし，湧き水等の清らかな水を，水路を作って導くだけで十分飲料水の役割を果たしていたし，おいしく健康的でもあった．このような状態は決して珍しいことではなかったのである．しかし，ヨーロッパや日本でもそうであったように，過去にはコレラが飲料水を経て感染して広がり，多数の死者を出したことがあった．これ等の伝染病の感染は飲料水をろ過することによってコレラの心配がなくなることがわかり，感染症対策として水のろ過や殺菌が急速に進められ，水道水にも浄化処理が普及するようになったのである．それでも過去には水俣病やイタイイタイ病等の公害による病気のように，水銀やカドミウムなどが米や魚介類に蓄積され，水を媒体として人の健康を脅かせたことも多くあった．

　水の自然現象による浄化プロセスは大気中への蒸発や地中への通過によるろ過，川をゆっくり流れることにより浄化される．水中に存在する有機物等の不

純物や細菌は微生物類(好気性菌，嫌気性菌，原生動物，藻類等)や大気から水中に溶解した酸素等によって酸化分解されて無機化され，浄化された水が本来の天然水である．このように天然水は自然が行う浄化作用による水であり，人為的には何の浄化作用も加えずに浄化された水である．したがって，天然水は特定水源より採取された水にろ過，沈殿および加熱殺菌以外の物理的や化学的な処理を全く行っていない水のことである．真の天然水は全く自然現象によって原水成分をそのまま保った，いろいろな微量の不純物を適量に含んでいる水，これがまさしく自然の生み出した水であり，安心できる水なのである．最近ではこのような本来の天然水が得られる所は少なくなった．したがって，現在では天然水と呼べる水は僻地の山間地の湧き水かその地域の地下水に限られるであろう．

現在の天然水と呼ばれている水はどこの地層を通過して湧き出てきたかによって，採水した場所をネーミングに付けて販売されていることが多い．例えば「富士山の天然水」のように，南アルプス，中央アルプス，京都・丹後，阿蘇，合馬，古都，日田，伊豆，奥大山等々，いろいろな名前が付けられている．このように天然水にもいろいろな産地の名称が付けられているように，ろ過される地層によって水中に含まれる多種類の微量ミネラル成分(カルシウム，リン，カリウム，硫黄，ナトリウム，塩素，マグネシウム等)の量も僅かに異なる．そのため天然水の頭にこれ等のミネラル成分の名称を付けて(バナジウム天然水や天然水素水などのように)呼ぶ場合も多くある．この水中に天然に僅かに混入して含まれている各種のミネラル成分は人体にとっては重要な成分であり，自然が与えてくれた体にいい水であり，おいしい水であり，これが本来の飲料であろう．しかし，それ等がバランスよく含まれていればこそである．

地球上にはいろいろな呼称の水がある．例えば，地上に存在する水が陸水であり，陸水には表流水と天然水と区別して呼ぶことがある．陸水のうちには河川・湖沼のように完全に地球表面を流れる水が表流水である．表流水は降水が起源で取水も容易であり，取水量は確保しやすく，溶解物質が少ない水であり，水道水の70％は表流水で賄われている．

表流水の多くは天然水であるが，天然水には粒径の異なる多くの微粒子を含んでおり，その粒径分布は図7.1に示すようである．しかし，このような地表

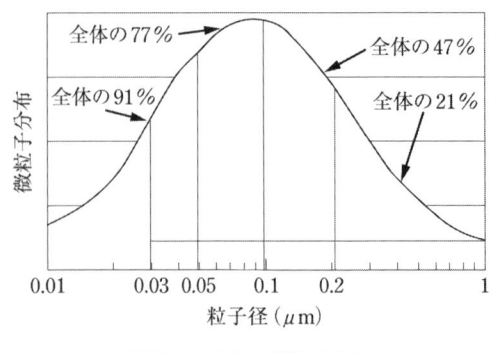

図7.1 水中の微粒子分布

グラフ注記:
- 全体の91%（0.03 μm付近）
- 全体の77%（0.05 μm付近）
- 全体の47%（0.1 μm付近）
- 全体の21%（0.2 μm付近）
- 横軸: 粒子径 (μm)
- 縦軸: 微粒子分布

の水は地層という自然のフィルタを長時間かけて浸透し，通過することによってろ過される．地表における水のろ過速度は粗い地層では一般的には 0.1 mm/s，極く細かい砂地の層では 0.01 mm/s，更に細かい粘土質の層では 0.001 mm/s の遅い速度で浸透してろ過される．各種の地層を浸透して通過している間に地層の中で土や岩石中の各種のミネラル成分，また苔や藻などの微生物成分を極めて微量ずつではあるが溶解して，結果として 500 種類以上の微量成分が溶解して，土の中から湧き出した水が真の天然水であるといって良い．このように真の天然水は雨水が山間地の厚い何層もの地層を長時間かけて通過することによってろ過されると同時に微量成分を溶解して作られているが，この本来の天然水が英語名でナチュラルウォータ(Natural Water)と呼ばれている水であり，これが商品名にもなっている．しかし，現在では天然水とうたっていても，自然の山の土の層によって浄化され，人工的な処理を全く加えていない真の天然水はあまり多くはないようである．

特殊の場合を除けば，私達の生命を維持している飲料水に天然水を含めた河川水，湖沼水や深層水を飲用に支障をきたさないようにするために浄化や殺菌処理を行っている．その処理には多くの場合には①塩素殺菌をはじめ，②緩速ろ過，③急速ろ過，④高度処理などのステップでより安心できる水に向けて水処理が行われる．

最近では農地やゴルフ場には多くの化学肥料や農薬等が多量に使用されているので，その成分が河川に流れ込んで河川を汚染していることが多い．これ等の化学肥料の中で窒素系肥料(硝酸塩や硫酸塩等)が多く使用されていて，これ等の反応性の高い窒素系の物質は生態系に各種の悪影響を及ぼしており，人体に対してもアルツハイマー，糖尿病，がんの発生や各種感染症にも関与しているらしいことも明らかにされ始めている．大気中と同様にも NO_x (NO, NO_2,

N_2O)は水中で環境汚染物質となっている．これ等は動植物に直接の殺傷力を示すことはないが，現在の過剰な汚染濃度は人体にも過酷である．化学肥料や農薬の使用を適正化して，真の天然水に向けた心がけが必要であろう．それは真の天然水こそが技術を超えた私達の生命の根源であるのだから．

今では本当に天然水と呼べるような天然水が得られる所は皆無に近いほど非常に少なくなっている．しかし，日本でこれに相当する所としては「原生自然環境保全地域」および「自然環境保全地域」として指定されている地域であろう．特に，前者は全く辺鄙な所であり，全く造林も間伐等の人の手の入っていない，人のあまり踏み入れていない山奥の地域であり，天然林で茂った限られた山林・原野だけであろう．そこには多くの野生動物や昆虫も生息しているところである．天然水の大切さを考えると，水の浄化技術も大切であるが，この様な山奥にある全く自然界の浄化装置は最優先で大切にしたいものである．水道水は各種の浄化処理をして供給されてはいるが，その水源が正常であるか否かは水道水の安全性や味を大きく支配するので水源の質の確保は大きな使命を果たすことになる．

7.2 水道水

身近にある水の中で，処理する必要のある水は飲料に適する上水を得ようとする場合と，排水を公共の河川等に排出できる水質にする場合であるが，ここでは先ずその前者の水道水について考えて見る．

世界の水道水の原型は4000年ほど前にイタリアのローマらしいが，その当時単に遠くから水を引いてくる小路であったようであるが，水の汚れを取るような水道は1804年にイギリスのロンドンで始められた．その後，水道が普及するようになったのはヨーロッパも日本も同じで，これ等の感染を防止するための対策として開始さられたものである．日本の水道は明治20年(1887)に横浜市からスタートし，その後明治22年(1889)函館，明治24年長崎と続き，現在は97％の普及率に達している．給水能力は人口にほぼ比例するので，最近はほぼ東京696万 m^3，大阪243万 m^3，横浜178万 m^3になっている．水道用水の供給源はいろいろあるが，日本では現在図7.2に示すようにダムと河川水が多く，いわゆる表流水は全体のほぼ70％を占めており，地下水が30％であ

その他
4.9億m³ (3.0%)

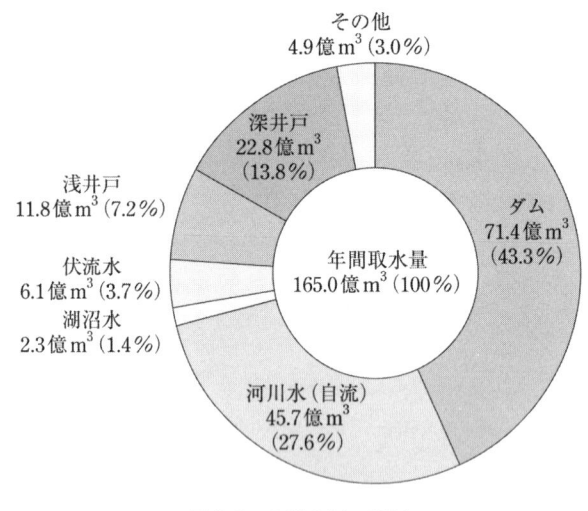

深井戸
22.8億m³
(13.8%)

浅井戸
11.8億m³ (7.2%)

伏流水
6.1億m³ (3.7%)

湖沼水
2.3億m³ (1.4%)

年間取水量
165.0億m³ (100%)

ダム
71.4億m³
(43.3%)

河川水（自流）
45.7億m³
(27.6%)

図 7.2　水道水源の種別

る．この水道水の水源である水質の環境基準達成率から見ると，河川では 80 ％を超えているが，湖沼では 40 ％ の達成率と低い状態にある．私たちが利用する公共用水の望ましい水質については目標値として環境基準が定められている．しかし，私達にとって最も身近な水は飲み水であり，安心して飲める水道水が私達の日常生活にとって安心安全の原点であるといってもよい．現在では水道水の水源は 70 ％が河川水等の表流水であり，30 ％が地下水である．従来の地下水は良質の水質とされていたが現在は市街地の地下水は必ずしも良質の水ではなくなっている．

　水源であるダムや河川水にはその上流で汚染された水や家庭排水も流入していることは知っているだろうか．水道水の多くは殺菌用として塩素（次亜塩素酸）を使用しており，水中で塩素とアンモニアや各種の混入物質との反応によって作られるカルキ臭がある．これがまずい水といわれており，このような状態が長く続いていた．最近では塩素の使用量を少なくしてはいるが，現在でも水道水の殺菌には多量に塩素が投入されているのが実情である．水中に殺菌用に投入された塩素の殺菌作用には次のようなプロセスによって行われる．水と反応して次亜塩素酸イオン（ClO^-）を生成し，この次亜塩素酸イオンは強い酸化力があるので，殺菌作用を発揮するのである

$$Cl_2 + H_2O \rightleftarrows HClO + HCl$$

$$HClO \rightleftarrows H^+ + ClO^-$$

　塩素殺菌ではカルキ臭を発するばかりでなく，過剰の塩素が水中に残存すれ

7.2 水道水

ば，塩素は体内の細胞にダメージを与える．安全な飲み水を供給するために，世界のいずれの国も，公的に供給する水道水の水質基準を決めている．日本は97％もの高い水道及率であり，その水質は水道法によって**表7.1**のように健康に関する項目および水道水が有すべき正常に関する項目として，平成9年に定めている．この水質基準は人が生涯にわたって継続的に接所しても人の健康に

表7.1 水道水の水源の水質基準

■健康に関連する項目(30項目)

	項目	水質基準値	主な用途	区分
1	一般細菌	100 個/ml 以下		病原微生物
2	大腸菌	検出されないこと		
3	カドミウムおよびその化合物	0.01 mg/l 以下	顔料, 電池, 合金	金属類
4	水銀及びその化合物	0.0005 mg/l 以下	乾電池, 蛍光灯, 体温計	
5	セレンおよびその化合物	0.01 mg/l 以下	ガラス, 窒素, 半導体材料	
6	鉛およびその化合物	0.01 mg/l 以下	鉛管, 蓄電池, 電線被覆	
7	ヒ素およびその化合物	0.01 mg/l 以下	半導体材料, 合金添加	
8	六価クロムおよびその化合物	0.05 mg/l 以下	合金材料, めっき, 電池	
9	シアン化合物イオンおよび塩化シアン	0.01 mg/l 以下	化学合成工業, 電気めっき	無機物
10	硝酸態窒素および亜硝酸態窒素	10 mg/l 以下	無機肥料, 火薬, ガラス	
11	フッ素およびその化合物	0.8 mg/l 以下	肥料, ガラス繊維, 半導体	
12	ホウ素およびその化合物	1.0 mg/l 以下	半導体, 医薬品, 防腐剤	
13	四塩化炭素	0.002 mg/l 以下	フロンガス, 溶剤, 洗浄剤	有機物
14	1,4-ジオキサン	0.05 mg/l 以下	溶剤, 安定剤	
15	1,1-ジクロロエチレン	0.02 mg/l 以下	樹脂(ラップ, ラテックス)	
16	シス-1,2-ジクロロエチレン	0.04 mg/l 以下	樹脂, 染料抽出剤, 溶剤	
17	ジクロロメタン	0.02 mg/l 以下	塗料剥離剤, 洗浄剤	
18	テトラクロロエチレン	0.01 mg/l 以下	ドライクリーニング, フロン	
19	トリクロロエチレン	0.03 mg/l 以下	脱脂剤, ドライクリーニング	
20	ベンゼン	0.01 mg/l 以下	合成ゴム, 合成皮革	
21	クロロ酢酸	0.02 mg/l 以下		消毒副生成物
22	クロロホルム	0.06 mg/l 以下		
23	ジクロロ酢酸	0.04 mg/l 以下		
24	ジブロモクロロメタン	0.1 mg/l 以下		
25	臭素酸	0.01 mg/l 以下		
26	総トリハロメタン	0.1 mg/l 以下		
27	トリクロロ酢酸	0.2 mg/l 以下		
28	ブロモジクロロメタン	0.03 mg/l 以下		
29	ブロモホルム	0.09 mg/l 以下		
30	ホルムアルデヒド	0.08 mg/l 以下		

表7.1 づつき

■水道水が有すべき性状に関連する項目(20項目)

	項目	水質基準値	主な用途	区分
31	亜鉛およびその化合物	1.0 mg/l 以下	トタン板, 真鍮, 乾電池	金属類
32	アルミニウムおよびその化合物	0.2 mg/l 以下	家庭用品, 電気用品	
33	鉄およびその化合物	0.3 mg/l 以下	自動車, 建材, 鉄道	
34	銅およびその化合物	1.0 mg/l 以下	電線, 銅管, 合金	
35	ナトリウムおよびその化合物	200 mg/l 以下	融雪剤, 紙, ガラス	
36	マンガンおよびその化合物	0.05 mg/l 以下	ステンレス, 乾電池, 医薬品	
37	塩化物イオン	200 mg/l 以下	塩蔵食品	無機物
38	カルシウム, マグネシウム等(硬度)	300 mg/l 以下	コンクリート, 無機化学工業	
39	蒸発残留物	500 mg/l 以下		一般性状
40	陰イオン界面活性剤	0.2 mg/l 以下	石けん, 合成洗剤, 化粧品	
41	ジェオスミン	*0.00001 mg/l 以下		有機物
42	2-メチルイソボルネオール	*0.00001 mg/l 以下		
43	非イオン界面活性剤	0.02 mg/l 以下	台所用洗剤, 化粧品	
44	フェノール類	0.005 mg/l 以下	防腐剤, 消毒剤, 医薬品	
45	有機物(全有機炭素(TOC)の量)**	5 mg/l 以下		
46	pH 値	5.8〜8.6		
47	味	異常でないこと		一般性状
48	臭気	異常でないこと		
49	色度	5 度以下		
50	濁度	2 度以下		

＊：平成19年3月31日までは0.00002 mg/l 以下
＊＊：平成17年3月31日までは有機物等(過マンガン酸カリウム消費量)として10 mg/l 以下

影響しないことをリスクアセスメントの手法によって基準値として定めたものである．その他に質の高い水道水を目指すため，快適水質 13 項目および水質管理を目指して，監視項目が 33 項目定められている．表中には mg/l で示されているが，この濃度は風呂の浴槽(ほぼ 200l)の水にひとつまみの食塩(0.2 g)を溶解した程度である．この水質基準の基準値は WHO(世界保健機構)に飲料水質ガイドラインを参考に定められたものである．日本の水道ではこの水質基準の適合率は 99.9％であり，ほとんどの水道水がこの基準を満たしているといえる．表の前半「健康に関する項目」は，一生涯にわたって継続して水を飲み続けても人の健康に悪影響がない基準として安全を充分に配慮して設定されたものである．また表の後半「水道水が有すべき性状に関する項目」は，水

道水として日常生活にとっては高いレベルで，水道施設の管理上も障害が生ずる恐れのない基準として設定されている．日本におけるこの基準の原型は昭和54年に定められたが，その後に水質基準が厳しくなった．その理由は，飲み水に対する安全意識が次第に高まってきたためであり，新しい化学物質や細菌類が水中に混入する可能性が高くなってきたためである．また，水を供給する浄水場に新しい水処理方法の導入や処理性能の向上が求められており，コレラ等の水系伝染病，水棲植物や塩素等の化学物質による各種の健康障害に対して安全な水の供給に向けた取組みが真剣に，また厳格に進められてきているためでもある．

　安全な飲料水を供給するために現在でも浄水場では大量の塩素(液体塩素や次亜塩素酸ナトリウム)や各種の薬品や微生物を使用している浄水場が多くあるのが現状である．しかし，現在は多量の塩素系薬品を使用する浄水処理の方法から脱却し，最小限の化学薬品により処理を行って，それでも安全な水を供給することが要求もされ，実施もされるようになってきている．

　理想的には全く薬品を使わない，昔ながらの「3尺流れて水清し」といわれるような，完全に自然の浄化作用により浄化された水の供給が最も好ましいことは当然である．研究的には化学薬品を使わずにバイオの技術を使った自然浄化とほぼ同等のプロセスを行わせる浄化方法の試みもされ，この方法により浄化できることは確かめられている．しかし，このような微生物的な自然浄化の方法では多量の水を浄化することは未だ不可能の状況である．したがって，一般的に行われている多くの水道水の浄化は図7.3に示すような沈殿，ろ過，消毒の三つのプロセスで行っている．一般的には塩素によって殺菌・消毒した後，原水が比較的きれいで，水の処理量が比較的少ない場合には水の流れが比較的遅い場合(3〜6m/日)には(a)で示した緩速ろ過法を用いて処理する．

　水の浄化法としては緩速ろ過法が自然現象によるろ過プロセスに近く，これが最も望ましい浄化法であるといえる．緩速ろ過法は自浄作用が主体であり，天然水と同様に水中に生息する微生物により有機物質を分解する，いわゆる生物処理的な方法であるからである．

　緩速ろ過法によって多量の水を浄化するには広い面積と長時間を要することになるが，この方法が最も自然で理想的なろ過法である．しかし，汚染度も高

第7章 飲料水

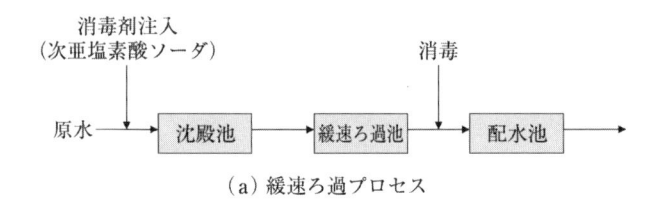

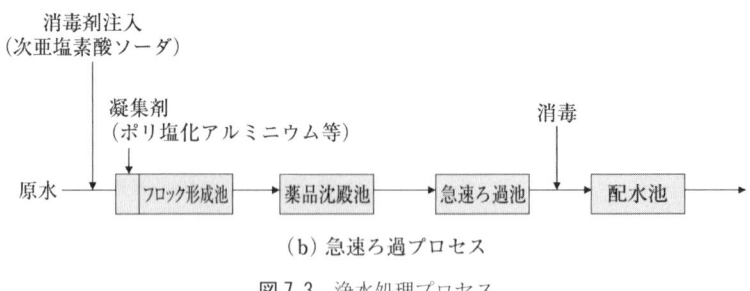

図7.3 浄水処理プロセス

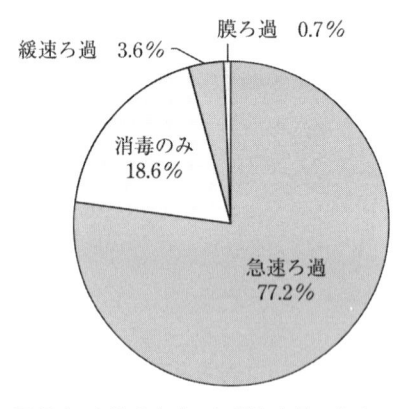

(a) 緩速ろ過プロセス
原水 → 沈殿池 → 緩速ろ過池 → 配水池
（消毒剤注入：次亜塩素酸ソーダ）を沈殿池前に注入、配水池前で消毒

(b) 急速ろ過プロセス
原水 → フロック形成池 → 薬品沈殿池 → 急速ろ過池 → 配水池
（消毒剤注入：次亜塩素酸ソーダ）、凝集剤（ポリ塩化アルミニウム等）をフロック形成池前に注入、配水池前で消毒

図7.4 各浄水方式の年間浄水量に占める割合
- 膜ろ過 0.7%
- 緩速ろ過 3.6%
- 消毒のみ 18.6%
- 急速ろ過 77.2%

く汚染した水を多量に処理しなければならない場合には(b)に示した凝集剤によって沈殿を促進した後，急速ろ過法によって浄化させる．現在では処理しなければならない水量が多いので，実際にもろ過方式は図7.4に示すように，80％近くは急速ろ過方式を採用している．しかし，実際には原水の水質が良好で，確率的に求めた大腸菌類数(50個/100ml)以下，一般細菌が培養菌数(500個/1ml)以下であり，その他の水質基準をクリアしている場合には単に塩素等の殺菌だけで水道水に使用している．

水処理を行うのに凝集剤〔$Al_2(SO_4)_3$，Al_2O_3，$FeCl_3$，$FeSO_4$ 等〕を加えるのは水中の粒径の小さい浮遊物の粒径を大きくし，重くして沈降速度V_sを早くするためである．これはストークスの式にあるように，粒径が大きく，重い粒子の方が水中への沈降速度が速くなることを利用した方法である．緩速ろ過法

では厚さ 70〜90 cm の砂層の上を流速 3〜5 m/日で水を流して，生物的な浄化作用も併用した浄化法であるが，急速ろ過ではろ過池の厚さ 60 cm の砂層上を速度 120〜150 m/日で凝集剤を加えながら流して浄化する．急速ろ過法ではろ過速度を速くするために水槽に圧力を加える場合もある．一般に水中の汚染物質の沈降速度は次式で示される．

$$V_s = \sqrt{4/3 \cdot g/C_p \cdot \rho_s \cdot \rho_t \cdot d} \tag{7.1}$$

ここで，V_s：粒子の沈降速度(m/s)，g：重力加速度(m/s^2)，C_p：抵抗係数，ρ_s：粒子密度(kg/m^3)，ρ_t：水の密度(kg/m^3)，d：粒子径(m)，である．この式から明らかなように粒子が重く（ρ_s が大），粒径が大きい（d が大）程浮遊粒子の沈降速度 V_s が大きくなる．この意味で，凝集剤を加えるのは微粒子を大粒径の粒子にして，沈殿しやすくするためである．実際にも粒子の沈殿速度は**表 7.2** に示すように，粒子の大きさと比重によって大きく異なっている．沈殿池における沈殿速度を速く，スムーズに行うためには沈殿槽の水の流れは整流状態にすることが必要になる．

　塩素殺菌を開始した初期には汚染物質も多いため，安全のために消毒用に使用する塩素は概略必要量の 10 倍以上も投入していた．この過剰の塩素が存在すると，水中の枯れ木や枯れ草によって生ずる有機物質であるフミン酸と反応してトリハロメタンを生成して大きな問題となった．トリハロメタンが問題となった理由は「トリハロメタンは発がん性がある」ことがわかったからであった．したがって，安全性を考慮して人の健康に影響を及ぼさないレベルとして，トリハロメタンの濃度基準を 0.1 mg/l 以下に定め，実際に浄水所は安全を考慮して，この基準の 1/10 以下にしている．トリハロメタンを作らない殺菌法には沸騰によっても回避できるし，またトリハロメタンの前駆物質を除去するために有効な活性炭を添加することやオゾン処理によっても回避できる．したがって，水道水に多量の塩素を使わずに，安心できる水道水にする方法として登場したのが，オゾンを水の殺菌，脱色，脱臭に用いた水の浄化システムである．オゾンは酸素

表 7.2　水中粒子の沈降速度

粒子直径(mm)	粒子の種類	1m 沈降時間
10	砂利	1 秒
1.0 (1000 μm)	粗い砂	10 秒
0.1 (100 μm)	細かい砂	2 分
0.01 (10 μm)	汚泥	2 時間
0.001 (1 μm)	細菌	5 年
0.0001 (0.1 μm)	粘土粒子	2 年

ガスまたは空気に高電圧を加えることによって，次の二つのステップによって生成することができる．

$$O_2 + e \rightarrow O + O + e$$
$$O + O_2 + M \rightarrow O_3 + M$$

このオゾンによる水処理法では塩素のような薬品による過剰供給，過剰処理による弊害が全くないばかりか，オゾンの酸化力は塩素の6倍，微生物を不活化する時間も 0.48 秒と早く，水の浄化に対しては他に類を見ない特長をもっている．この特長は如何なる化学薬品でも得られない理想的ともいえる処理手法ともいえる．現在では大都市圏の大規模な浄水処理場にはオゾン処理法を組み込んだ図 7.5 のような，いわゆる高度浄水処理が導入されている所が多くなっている．活性炭処理も粒状活性炭(GAC)や生物活性炭(BAC)があり，更に最近はオゾンを何段階にも使用した図 7.6 のような高度オゾン処理による水処理プロセスに進歩しつつある．オゾンは殺菌作用が強いが，オゾン自身は寿命が短いため，いくら過剰に供給しても全く弊害を生じないという利点がある一方，殺菌効果が長時間継続しない欠点がある．そのため，オゾン処理後の殺菌作用を維持させるため，オゾンで完全殺菌した後，最終段階で，極く微量の次亜塩素酸ナトリウムを加えている．多くの大規模浄水場でこのようなオゾン処理を取り入れた高度処理を行うようになってから，より安全でおいしい水にさらに一歩近づいていることは確かである．

オゾンを使わないで行う水処理法では，滞留(重力沈殿：12 時間)→凝集沈殿(1～5 時間)→ろ過(砂や砂利層)を通して不純物を取り除く．沈殿槽の中では表7.3のように，浮遊物の大きさや種類によって沈降速度が異なる．ろ過プ

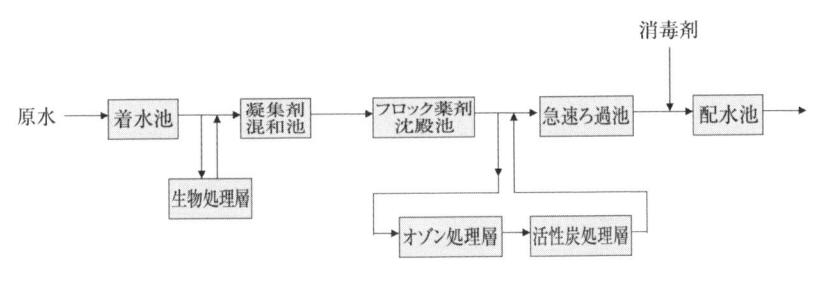

図 7.5　高度水処理プロセス

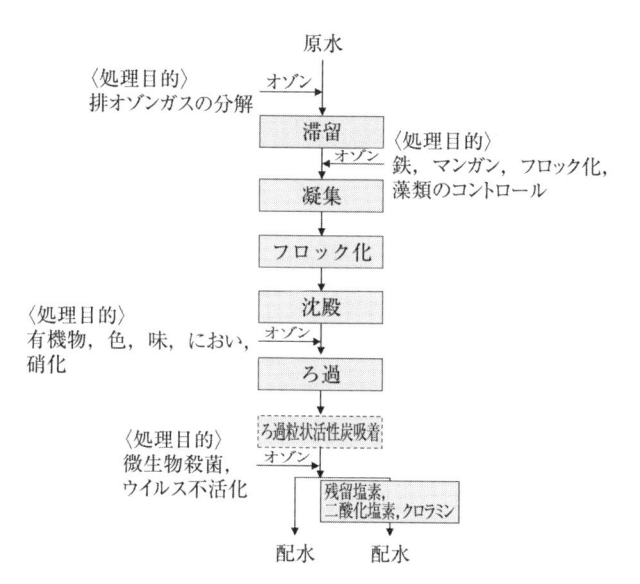

図7.6 浄水過程における高度オゾン処理

表7.3 浄水処理による汚染物質除去の比較

項目	浄水処理方法				
	緩速ろ過	急速ろ過	高度処理		
			生物処理	オゾン処理	活性炭吸着
濁度	○	◎	△	×	△
色度	○	△	×	◎	○
過マンガン酸カリウム消費量	○	△	△	○	△
硝酸性窒素	×	×	×	×	×
アンモニア性窒素	○	×	◎	×	×
トリハロメタン前駆物質	○	△	△	○	○
界面活性剤	○	×	○	○	○
臭気	○	×	○	◎	◎
細菌・ウイルス・原生動物	○	○	△	◎	△

◎：非常によく除去できる，○：よく除去できる，△：あまり除去できない，×：まったく除去できない

ロセスでは緩速ろ過は4〜5m/日，急速ろ過は120〜150m/日かかり，次のプロセスで消毒後更に浄化を行う．これに対して，図7.6のオゾン処理システムで，1段目のオゾン処理では先ず無機・有機物のフロック化（大粒径の固形物化）を行い，2段目のオゾン処理では溶解物質をオゾンによる酸化反応により

除去，さらに3段目で細菌を殺菌するという3ステップのオゾンで高度に浄化処理が行われている．1段目の滞留では $10\mu m$ 以上の大きな夾雑物の除去し，2段目の凝集では硫酸アルミニウムやポリ塩化アルミニウム等の凝集剤を混入して，そのままでは沈澱しにくい微小な粒子を架橋や吸着作用で大きな粒子の固まり（フロック）にして，沈殿させて除去する．凝集沈殿によって細菌の80％程度は除去されるが，これにさらに凝集沈殿と急速ろ過法($120 \sim 150 m/$日)を加えると細菌の除去率は $98 \sim 99 \%$ にまで向上する．このようなプロセスにより，水中の夾雑物はもちろんのこと，ほとんどの細菌やウイルスまで除去できる．また，微粒子を凝集剤によらずにマクロ化する技術が MAC 21 (Membrane Aqua Century 21)によって水の高度処理技術は更に進歩し，精度を高めつつある．

　オゾン処理で特に注目すべき点は水処理にオゾンを使うようになって，レジオネラ菌や硬い殻の中に生息する($5\mu m$ くらいの硬い殻の中に住んでいる原虫)クリプトスポリジウム(*Cryptosporidium parvum*)のような，塩素では殺菌も除去もできない頑固な菌もオゾンで処理することにより，99.999％まで殺菌除去することができるようになったことである．これは強いオゾンの酸化力により強力な殻も破壊してしまうことができるためである．また，水道水の塩素処理で問題となっているのは①水中にフミン質の有機物が含まれていると，発がん物質として恐れられているトリハロメタンを発生すること，②有機物やアンモニア等が塩素と反応してカルキ臭を発生すること，③クリプトスリジウムがキャベツ，米，レバーなどに含まれているビタミン B_1, B_2, C を分解すること，等が起こる．このクリプトスポリジウムは原生動物の原虫類に属する水系病原性生物で，人にも感染する病原体である．クリプトスリジウムは $4 \sim 6\mu m$ の球形のオーシスト(印状のもの)として存在し，水や食品を通して感染する．これらの塩素処理で起こる問題に対し，オゾン処理ではこのような危険物質は発生しない等，他の殺菌法にはない優れた性質があることも明らかになってきた．そのため，未だ多く行われている塩素による水処理に比べて一段と安心できる水道水に向け，最新鋭の浄水場の多くはオゾン殺菌法が導入されるようになってきた．

　水中のクリプトスポリジュウムが心配されたのは，これが体内に入ると消化

管に寄生して，下痢・嘔吐・発熱を起こす等の症状を発症する．クリプトスポリジュウムはかつて，アメリカ・ミルウォーキーで40300人に感染し，日本でも1996年埼玉県越生町の水道を経由して1000人に感染するという被害の発生があった．しかし，水道水にオゾン処理を採用するようになって，このような感染の心配は全くなくなった．

オゾン処理は塩素処理に比べて表7.3に示したように，オゾンの強い酸化力によって殺菌作用に加えて脱臭効果も発揮し，更に残留性のないこと等の他の処理法にない特徴がある．オゾンは寿命が短いという性質は一つの欠点でもあるが，この点が大きな特長でもある．それはオゾンは殺菌作用を保っている時間が短いので，殺菌作用を長時間持続させるため，微量の塩素を加えていて，添加量の制御はしやすい．日本の水道水は「水道法」により末端蛇口で0.1 ppm以上($0.7\,\mathrm{mg}/l$)の塩素が検出されることを下限と規定している．蛇口での残留塩素は微量に制限しているが，それはトリハロメタンを生成させないためである．上限は1～1.5 ppm以下と言われているが，正確に規定されていないのは水源の汚染がひどい場合は2 ppm以上投入することも必要となるからである．

最近は水のオゾン処理にマイクロバブル(直径$50\mu\mathrm{m}$以上)やナノバブル(直径$1\mu\mathrm{m}$以下)を利用すれば水中で空気やオゾンも長寿命化できることが明らかになってきたので，塩素を全く使わない浄水処理の可能性もあり，夢ではなくなりつつあり，このマイクロやナノレベルの超微小バブルをオゾンと併用の技術的な成熟が楽しみである．

活性炭についてはこれまでに何回も名前は出してきたが，ここでその役割について少し説明しておくことにする．水の浄化に対してオゾンと同時に，もう一つ以前から技術として，また物質として役立っているのが活性炭である．活性炭はヤシガラなどを蒸し焼きにして作った炭であり，微細で(10^{-6}～10^{-5} m)多孔質の表面をもった物質である．活性炭の細孔の体積は他の多孔質物質の中でも最大で，0.6～$0.8\,\mathrm{cm}^3/\mathrm{g}$に，表面積では500～$1500\,\mathrm{m}^2/\mathrm{g}$に相当する．この微細な細孔に多くの粒状は有機性物質を吸着させる性質がある．このような性質をもった活性炭の中に水を通すと，水は吸着しないが，水中の粒状の有機物や残留塩素等を選択的に吸着して水を浄化するのである．したがって，活性炭はオゾン処理と同様に，水道水の高度処理に使われる．最近の活性炭は多孔

質による物理的な吸着ばかりでなく，活性炭の微細孔に存在する微生物による汚濁物質を生物学的にも分解除去できる機能も備えるようにまでなっている．活性炭のこの高い吸着的な性質は家庭の浄水器にも使用されており，また空気清浄機等にも使用されている．しかし，活性炭の大きな欠点は多孔質面に粒状物質を吸着すると次第に吸着性能が下がり，寿命が存在することである．

災害時や緊急事態の発生時などの場合に海水や河川水を飲用にしなければならないような場合がある．このような場合は高性能のろ過膜による水のろ過が行われることが多い．実際に下水などに含まれる細菌の大きさは図 7.7 に示されるような大きさであり，大部分の細菌は綿密精巧なろ過膜によって除去できるように最近の膜の技術は向上してきている．

膜の孔径が最も小さい膜は RO 膜(Reverse Osmosis Membrane：逆浸透膜)で，孔径は 0.1〜1 nm であるが，その他 UF 膜(Ultra Filter：限外ろ過膜)は 1.5〜300 nm，MF 膜(Micro Filter：精密ろ過膜)でも 0.5〜100 μm 程度である．これ等のろ過膜は除去する対象物によって使い分けている．最も径の大きい MF 膜でも厄介なクリプトスポリジウム原虫は除去できる．これ等のろ過膜を水処理

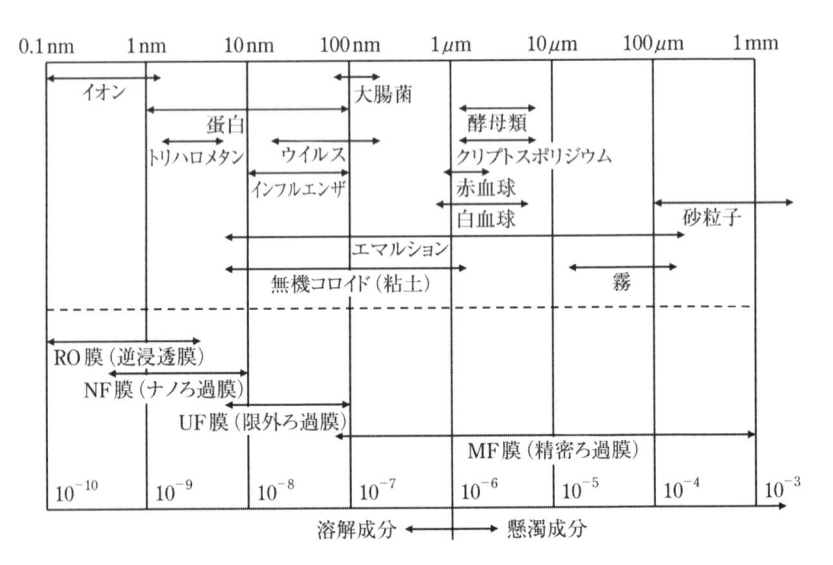

図 7.7　ろ過膜と汚染物質

に使用するには例えば，図7.8 に示したようなエレメントにして，浄水処理等に使用する．RO 膜のようにメッシュが小さくなれば水に浸透圧より高い，数メガ・パスカル（MPa ≒ 10 気圧）の圧力を加えて水は膜を通過させてろ過する．このような高精度のろ過膜を使用することによって，汚染度の高い河川水や下水でも安心できる飲用水に浄化できるようにまで膜技術も向上してきた．しかし，RO 膜のようにメッシュが小さくなると水中の飲料水としておいしく，有益なミネラル成分まで除去して純水に近くなるので，安心できる水ではあるが，飲料水として美味しく最適であるかは別である．また，膜処理による浄水も図7.9 に示すように使用する膜の種類と技術によって高コスト化することは当然である．それでも加熱蒸留するよりも RO 膜の方が低コストなのである．比較的汚染度の少ない原水の場合には水道水用にろ過膜を使うことはあまりない．しかし，汚染度が高くなると使用するろ過膜には UF 膜か MF 膜を使用するが，処理量の多い場合には粒径の大きい MF 膜を使用する場合が多い．

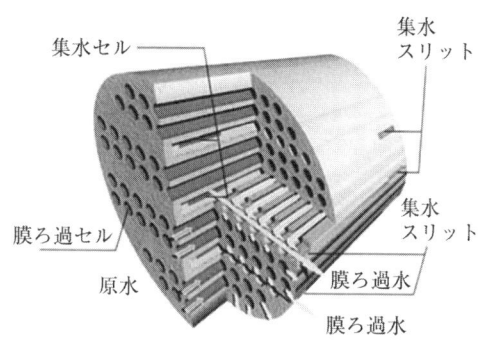

図 7.8　膜エレメント構造(出典：水道工機株式会社ホームページ http://www.suiki.co.jp/products/1c-12.htm)

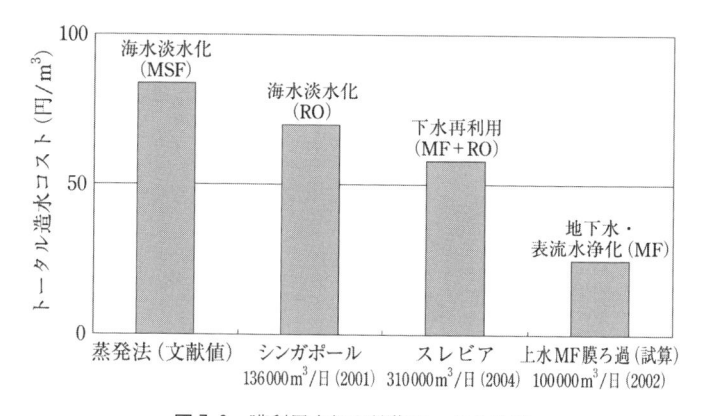

図 7.9　膜利用水処理技術のコスト比較

イラクで自衛隊が復興支援で飲料水の給水を行ったが，この時には海水を浄化して飲料水に使用したのは RO 膜である．日本でも大きな川のない福岡地区では緊急時対応も含めて，RO 膜を使った海水のろ過供給システムを 2005 年に稼動させている．取水は海底の砂の中からであり，「海砂による緩速ろ過システム」とも呼べる方式である．

ろ過膜の中で RO 膜の信頼性は高く，最近では，水道水を家庭用に RO 膜で浄化して販売している例も出てきている．水道水の浄化に膜ろ過法を使うのは一般には気付かない隠れた利点と配慮が含まれている．それは水道の水処理が開放型でなく，密閉式で行われている点であり，テロなどの危機管理に対する備えも含まれている．世界的にも淡水化法の中で，最近 RO 膜法が進歩したことにより，急速に RO 膜の利用が増え，淡水化法では RO 膜法が 52％を超えている．日本でも福岡の他，沖縄にも 4 万 t の渇水時の対策として海水の淡水化施設が設置されている．日本の淡水化技術は高く評価され，世界の大規模淡水化プラントの 20％近は日本製で占められている．

水道水にオゾン処理を導入するようになって，今では水道水はペットボトル入りで売っている水と同じか，それ以上に安心して飲める水として水道水の質も向上してきている．地方自治体の名称の付いたペットボトル水が販売されるようになったが，水道水にも「都の水道水も美味しくなった」と知事も胸を張っていえるようになった．

このように日本では実際に水道水も安心して飲める水になってきているにもかかわらず，未だ水道水の不安が完全に払拭されていないのは，トリハロメタン，O-157，サルモネラ菌等で騒がれた頃の印象がまだ頭の奥にこびりついているためであろう．そのためか，実際に今は安心できる水道水になっているが，アンケートによれば図 7.10 に示すように，水道水に対する不安が未だ残っているようである．実際に現在はペットボトル以上に安心できる水になっているが，現在でも家庭用の浄水器の普及率は高く，ポット型浄水器でも 2003 年に 364000 台であったが，2008 年には 754000 台と 4 倍に増加したという．特に浄水器の導入は大都市東京では 48.4％，大阪では 51.0％，全国では 34％に達しているという．家庭用浄水器の多くは活性炭，イオン交換体や膜フィルタを組み込んだ構成であり，かび臭をはじめ 15 種類の汚染物質を除去すること

になっている製品が多い．家庭用の浄水器では消毒用の残留塩素を除去してしまうことが多く，浄水器で処理した後の各種雑菌に汚染されやすくなっている点は特に注意が必要となる．また，家庭用浄水器も新しい間は浄水効果があるが，家庭用でも定期的に(2～3カ月に1度)フィルタのカートリッジの交換をする必要であり，これを忘れると万全ではない．特に長時間休止した後の水出し時や浄水器のカートリッジが少し古くなり，吸着剤が飽和吸着量を超えた場合は水道水以上に多くの汚染物質の発生源となり，新たに問題が発生しやすい．

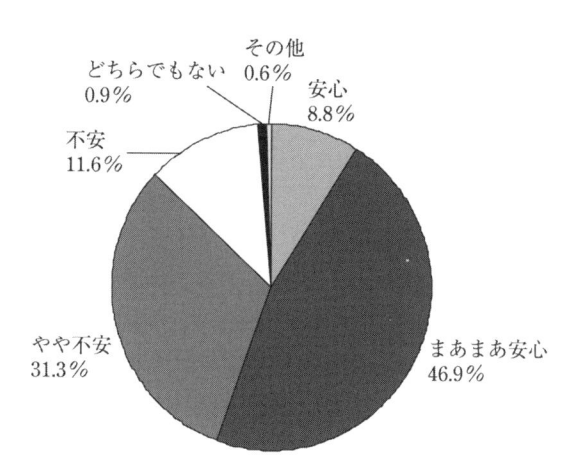

図 7.10 水道に対する信頼度(東京都調べ)

日本ではボトル水に定められている基準より水道水に定められた基準の方が厳しく，安全安心の面から見ると水道水の方が優れていることを知らない人が多い．それは水道水の基準は表 7.1 に示したような 48 項目の数値的基準があり，毎月検査をすることが義務づけられている．日本でのこれだけ厳しい基準，その管理体制および監視のもとであるからこそ安全で安心できる水が供給されているのである．しかし，ミネラルウォータは水道水に準ずる項目は 18 項目であり，明らかに水道水より低い基準である．しかし，それでも日本で水道水よりミネラルウォータの方に安心感をもって飲まれているのはなぜかわからない．多くの発展途上国でも大都市には水道は設置されていても，それは日本のように安心できる水道水とは限らない．

7.3 おいしい水

「きれいなおいしい天然水」とは生命に対して全く脅威を与える物質を含まず，十分な量の溶存酸素をはじめ，岩盤の鉱物成分，苔や藻の等による 500 種

類もの微生物が極めて微量ずつ溶け込んでいるのが本当の天然水なのであろう．それは何も除去せず何も加えない水で，湧き出てきた土地により溶け込んだミネラルの水が体においしく，最も体に合っている水といえるはずであろう．更にいえば，このような極く微量で多種類の成分を含んだ水こそがまさしく体にとって美味しい天然水といえるであろう．しかし，真の天然水をこのように過去形のように表現しなければならないまでに現在は真の天然水は激減している．

　かつて水道水にかび臭があって苦情が出て問題になったことがあった．かび臭の発生原因は水中のらん藻類から出るジオスミンやメチルイソボルネオール等である．これ等の物質は $2\times10^5 l$ (ドラム缶1000個分)の水の中に，たったの耳かきの1/5だけ混入した程度の濃度でも，人間はかび臭を感じるからである．

　現在の水道水はおいしい水の大きな要素としてかび臭のないことと，殺菌用に使われている塩素濃度が 1.0～1.5ppm の範囲以下であること，といわれている．今ではまずい水の原因となっているのは水中の塩素とアンモニアが反応して生成されるカルキ臭であることが多い．かつて，江戸川を水源とする水道水は日本一まずいといわれていた水である．その当時の水道水は塩素殺菌が主流であったが，その後浄水場でオゾン処理を採用するようになってから江戸川水系の水もかび臭もカルキ臭もなくなり，おいしい水に変身した．殺菌用に使う塩素を含んだ水で野菜を洗うとビタミン等が 10～30％ も消失することも明らかにされている．水道水にオゾン処理を導入して殺菌するようになって，水道水は安心して飲めるようになったし，洗った生野菜を安心して食べられ，健康の増進にも役立っており，浄水技術としてのオゾン処理は日本の誇れる技術の一つなのである．

　安全な水は当然なこととして，水源に近い水と，その後排水の混合した水は水処理システムによって浄化処理されるが，従来は両者の間には**表7.4**に示すような幾つかの問題点があった．しかし，これ等の問題は厳しい規制やそれを乗り切るための最近の浄化技術によって次第に解消されつつあり，かび臭の除去も殺菌もできるようになってきた．世界でも大規模の水処理場ではオゾン処理が取り入れられるようになってきたのは，オゾン処理の信頼性の高さによるものであるといってよいであろう．

7.3 おいしい水

表 7.4 水源水質と水道水水質をめぐる問題

① かび臭，生ぐさ臭などの異臭味問題
② 水中の有機物と水道の注入塩素が反応して生成される塩素副生成物(TOX)問題
③ 農薬による原水の複合汚染
④ 有機塩素系溶剤による汚染
⑤ ダム・湖水でも藻類の異常繁殖による浄水処理への障害
⑥ 大腸菌の多い原水にみられるウイルスの存在
⑦ アメーバ，線虫などの微生物問題

　最近は健康に対する意識は高く，「健康にいい xyz 水」などのように，健康をキーワードに付けた水が多く出回って販売されている．また，海洋深層水と呼ばれる水もあるが，水深 200m より深い所の水を深層水と呼び，この深さの層になると地上からの汚染物質や化学物質が届かず，光も届かないので，細菌も少なく体によい水として販売されているのである．しかし，その真偽のほどは解らないが，実際に国民全体が飲食物に対して「健康に配慮するようになった」という面と，「健康によい」というキーワードに皆が真剣に考えるようになったし，それを超えて，酔っている傾向の両面があろう．しかし，安心できる水とおいしい水とは基本的には違っている．おいしい水は感覚であるので人によって幾分は違うが，一般的に美味しい水の要件は表 7.5 のような点であるとされている．ミネラルと呼ばれている成分はカルシウム，マグネシウム，ナトリウム，カリウムや鉄などの鉱物成分であり，水にまろやかさを与えている

表 7.5　おいしい水の一般的な要件

項目	指標	内容
蒸発残留物	$30\sim200\,mg/l$	主にミネラルの含有量を示し，量が多いと苦み等が増し，適度に含まれるとまろやかな味がする．
硬度	$10\sim100\,mg/l$	ミネラルのなかで量的に多いカルシウム，マグネシウムの含有量を示し，硬度の低い水はくせがなく，高いと好き嫌いが出る．
遊離炭酸	$3\sim30\,mg/l$	水にさわやかな味を与えるが，多いと刺激が強くなる．
過マンガン酸カリウム消費量	$3\,mg/l$ 以下	有機物量を示し，多いと渋みをつけ，多量に含むと水の味を損なう．
臭気強度	3 以下	臭いがつくと不快な感じがする．
残留塩素	$0.4\,mg/l$ 以下	水にカルキ臭を与え，濃度が高いと水の味をまずくする．
水温	最高 20℃	冷やすことによりおいしく飲める．

出典：厚生省「おいしい水研究会」(S.60 年 4 月)による

成分である．また硬度成分はカルシウムやマグネシウム等の量によって決定されるものであり，これらの量によって硬水(200mg/l 以上)と軟水(100mg/l 以下)に区別される．軟水はコクがあり，おいしい水といわれているが，日本の水の多くは 20〜80mg/l の範囲の軟水であるが，欧州の水は 200〜400mg/l 程度の硬水である．大多数の人が美味しい水と感じるのはミネラル成分が 10〜100mg/l 程度の軟水である．

　表中に示した遊離炭酸は水中に溶解した炭酸ガスによるものが多く，サイダーと同様に水に新鮮さを感じさせる成分である．これ等の成分と同時に，水温が果たすおいしい水に対する役割は大きく，体温－25 度が最適であり，水温は 15〜18℃の範囲がよいとされている．この表からわかるように，決して蒸留水のような混和物の全くないピュアな水が美味しい水ではない．また，湯ざました水は安全の水ではあるが，決しておいしい水ではない．おいしい水はまさしく，山の土を滲み通って湧き出てくる，真に天然の自然水であり，かび臭やカルキ臭がなく，程良く酸素や炭酸ガス等が溶解し，土壌と同等の水温であることが健康のためにも良く，美味しい水の大きな要素といってよいであろう．

7.4　ペットボトル水

　かつては土の中からコンコンと静かに湧き出る水はもちろんのこと，湧き水が集まり，未だ汚染されていない河川水も安心して飲料水として利用していたが，オーバーにいえば，今の飲料水は浄化を越えて加工された製品に近くなっているように感じられる．むしろこの当時の河川は河川自身が水を浄化する役割を果たしていたのである．しかし，現実に今では安全な水を得るための浄化には大きな装置，時間，エネルギーと費用が必要になっている．

　市販のペットボトル入りのミネラルウォータは毎年 10％ずつ伸びており，**図7.11** に示すように日本では国民1人当たり 19.6l を超えて，ここ 10 年では 5〜6 倍，20 年で 20 倍に増加し，種類も現在では 500 を超える数になっている．日本は安全な水道水があるためか，現在1人当たり年間 10l であるが，世界で見ると 25l であり，日本をはるかに超えた消費量である．全世界的に見てもここ数年は毎年 1000 万 kl ずつ増加していて，ビールの消費量を超え，1996 年には 7000 万 kl であったが，現在は 7600 万 kl を超えるほどまで増加している．

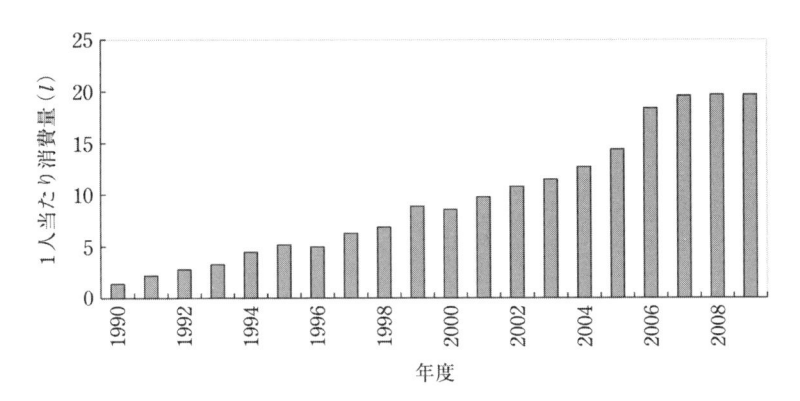

図 7.11 わが国の国民 1 人当たり 1 年間のミネラルウォータ消費量の推移

現在ミネラルウォータと銘打って販売されているが，これ等の市販のミネラルウォータの多くはミネラル濃度では軟水に分類されており，ミネラル成分の含有量は少ない．この意味ではこれ等はミネラルと呼ばずにナチュラルとした方が良いともいわれている．

　異常とも見えるこの増加傾向は健康志向の高まりもあり，またファッション性も手伝ってのことであろう．しかし，世界的に見ると日本は**表7.6**に示したように最も少ない方であり，最も多いイタリアに比べれば1/9である．アメリカは日本の5倍，フランスは7倍も飲まれている．発展途上国のアラブ首長国連邦では日本の15倍で，1年1人当たり259.7lにのぼっている．このデータが示すように，日本の水道の質は世界的には稀にみる，安心できる水であることの証であろう．しかし，最近のミネラルウォータの増加傾向は残念ながら現在の日本の水道水は安全であることが未だ十分には認識されていないことの表れでもあろう．これほど多量のペットボトル水が飲まれているが，日本の水道水ほど安心できる水質で供給できる国の例は世界でも他にはないであろう．この点は日本の浄化技術の高さを示す証拠であろう．

　ガソリンは 130 円/l 程度であるが，水道水は全国平均では 170 円/m^3 くらいである．ペットボトル入りの水は 2l が 200 円くらい(100 円/l)であるので，ガソリンとほぼ同じで，水道水の 800 倍の値段である．20 世紀の後半までは飲み水はただだと思われていた水であるが，21 世紀は飲み水がガソリンより高

表7.6 ミネラルウォータの1人当たり消費量の推移(単位：l/年・人)

年＼国	日本	アメリカ	カナダ	イギリス	ドイツ	フランス	イタリア	ベルギー	スイス	スペイン
1986	0.7	22.0	-	-	65.0	76.0	66.0	63.0		
1987	0.7	24.0	-	-	67.0	79.0	74.0	68.0		
1988	0.8	27.0	-	3.1	74.0	83.0	79.0	74.0		
1989	0.9	31.0	-	5.7	82.0	93.0	90.0	87.0		
1990	1.6	33.0	-	6.8	90.0	105.0	106.0	96.0		
1991	2.3	36.0	-	8.0	75.0	104.0	116.0	100.0		
1992	2.8	37.0	-	8.4	82.0	110.0	117.0	105.0		
1993	3.3	40.0	-	9.2	82.0	112.0	120.0	104.0		
1994	4.5	43.5	-	11.0	89.8	106.0	140.7	111.0		82.0
1995	5.2	45.8	9.0	13.1	98.1	110.5	125.2	99.0	75.2	92.4
1996	5.0	49.6	10.6	13.5	96.1	111.4	128.1	96.9	82.2	84.9
1997	6.3	53.4	12.8	14.8	100.7	116.0	133.8	100.1	88.9	90.6
1998	6.9	57.9	14.7	15.0	101.4	120.9	137.0	101.7	92.9	99.7
1999	8.9	63.6	16.7	16.0	103.8	130.1	138.0	109.0	95.4	112.5
2000	8.6	67.4	20.3	21.0	97.2	135.1	145.5	106.7	97.7	122.3
2001	9.8	73.1	25.1	23.2	103.8	141.6	149.7	112.7	106.7	131.4
2002	10.5	80.2	29.4	26.0	108.5	146.9	163.6	118.7	108.2	140.9
2003	11.5	85.5	33.2	30.5	121.4	156.4	178.4	129.4	111.0	156.5
2004	12.7	74.6	36.8	32.6	117.4	149.0	165.2	143.5	113.8	159.0
2005	14.4	80.6	42.3	35.8	124.6	156.2	168.3	158.0	116.6	168.7
2006	18.4									
2007	19.6									
2008	19.7	101.4	69.4	40.9	148.5	125.7	178.5	141.8	116.0	160.8
2009	19.7									

出典：食品工業 2010.9 月 p.50

価な商品の時代になった．若者の多くは外出時にペットボトルの水を持ち歩くのが当たり前となっているが，これは驚くことではなくなった．このペットボトルを携帯する傾向は最近では若者ばかりではなくなっている．善悪は別として今は持参しない者が時代遅れと思われるようになったともいえるほどである．これは，水の大切さを強く認識したためなのであろうか，もしかしたら現在の水道水の安全さを知らないためではないかと心配でもある．

実際に販売されている水の種類は表7.7に示すように，いろいろな呼称がつけられているが，その差は微妙である．湧き水や地下水などの特定の水源から採取した原水を沈殿・ろ過・加熱処理以外には何の処理もしていない水が「ナ

表7.7 ミネラルウォータの分類

呼称	内容
ナチュラルウォータ	地下水+加熱殺菌
ナチュラルミネラルウォータ	無機塩類入地下水+加熱殺菌
ミネラルウォータ	地下水のミネラル分を調整した水+加熱殺菌
ボトルドウォータ	飲用できれば内容は問わない

ここで滅菌は生きている菌が零であることを示すが，殺菌は細菌を無害化することであり，消毒に等価である．

チュラルウォータ」，ナチュラルウォータにミネラル成分を少量加えた水が「ナチュラルミネラルウォータ」であり，また，複数ミネラル成分(カルシウム，ナトリウム，マグネシウム，カリウム等の陽イオン)や各種の陰イオン成分(炭酸水イオン，硫酸イオン，塩化物イオン等)を加えたものが「ミネラルウォータ」である．これ以外の処理方法を定めていないものを「ボトルドウォータ」と区別している．しかし，ペットボトルを持ち歩いている人達でも，このような呼称の区別を知らない人の方が多いのではないだろうか．水に何も入っていなくても，ペットボトルに入っていれば，「ボトルドウォータ」として販売しても違反ではないことになっている．

　直感的には少量ずつペットボトルに入っているので，ペットボトル水の方が安全であるように錯覚しているかもしれない．実際に水道水とペットボトル水の水質基準を比較してみると，水道水の方が基準は厳しく定められている．見掛け上ペットボトルには少量の水が入っていて，お金も高いので，ペットボトル水の方が安全であると思っているのであろう．逆に，水道水の方が安全であることを知っている人は少ないと思われる．実際には東京都では水道の蛇口から出る水をそのまま飲む人は50％だといわれている．ミネラルウォータと銘打って販売していても，特にミネラル成分が入っているわけではないことも知らない人が多いのではないか．日本に住んでいる限り，日本の水道水は安心できる水であるが，一時期のガソリンの価格の上昇は皆が怒ったことがあった．しかし，高価なミネラルウォータを高いと思っても当たり前のように毎日のように安心でき水であると思い込んで飲んでいるのも不思議な光景に感じる．

　ペットボトル入りの水の種類は驚くほど多く，日本のメーカーの数はおよそ400で，種類も国産で400種類，輸入品でも59種類もある．ペットボトル入

りの水の消費量は日本でも非常に増加しているが，さらにヨーロッパのフランスやイタリアなどの国のペットボトル水の消費は格段に多く，日本の 10 倍である．この違いは，世界中で日本ほど水道水の安全な国はないといわれているが，その結果が数値としてペットボトルの消費量に表れているともいえる．日本人が海外旅行で水道水を飲み，腹をこわした人が多く出たことが多くあった．今でも，海外旅行では水道水を飲まないようにといわれていることが多く，海外旅行中はボトル水の携帯が必須である国が多い．特に日本人は日本の安全な水に体が慣らされ，菌に対する耐性が弱いため，少し細菌のある水にも耐えられず，発病することが多いようである．海外に比べ日本の現在の水道は安全で安心できるおいしい水では世界に誇れる水といえる．ペットボトル入りの水の状況を見ると，これほど身近な水がビックビジネスになっているのには少し違和感さえ覚える．それは「水はただである」と思って育ってきた時代の者にとってはなおさらである．しかし，日本は安心できる水でありながら，家庭用浄水器の普及率は高く，大都市圏の東京が 48.4％，大阪が 51.0％であり，全国平均でも 34％を超えているが，これは未だ水道水の安全が十分に認知されていないことを裏づける数値であることを示すものであり，図 7.11 がそれを端的に表している．

第8章 安心できるプール

　1999年オーストラリアのシドニーで行われたパンパシフィック水泳大会は世界新記録ラッシュであった．その時，「なぜこのような好成績が続出したか」という質問に対して，「それは水質の改善によってこのような好結果が続出した」と報じられた．その理由として，プール水の殺菌と透明度を向上させるために従来から使っていた塩素殺菌をオゾン殺菌に切り替えたことが明らかにされた．実際にオゾン殺菌にしたことにより，プールの水はカルキ臭がなくなり，透明度の高い快適な水になったのである．この当時は未だ水のオゾン処理が開始されて間もない頃であった．

　プール，風呂や温泉は健康増進のみならず快適性やリフレッシュを求めて利用することが多い．したがって，プールも風呂もきれいな，透きとおった水で利用できることが望ましいことは当然である．しかし，家庭用の風呂やプールは別として，一般のプールや浴場は大勢の人が長時間にわたって利用することになるので，当然水は各種の汚物や菌によって汚染される．

　プール水の汚染源の主なものは遊泳者から放出されるものであり，表8.1に示すような各種の物質がある．これ等の中でプールの汚染の75％を占めるのは毛髪をはじめとする微細な固形物であり，これ等がプールの透明度を低下させている主要物質である．これ等の固形物を除去するには水を循環させて，珪藻土等によるろ過をはじめ各種のフィルタを使って除去することができる．最近のフィルタは飲料水の浄化にも多く使用されているが，図7.7に示したようにフィルタのメッシュも微細になり，最近は精度が高くなってきているが，プール用には最もメッシュの細かいRO膜までは必要なく，MFまたはUF膜で，$0.1 \sim 1 \mu m$程度の微小な固形汚染物質までを除去すれば十分である．

　プールは水を衛生的に保つ必要があり，そのためにろ過・殺菌を十分に行うために，1時間に全プール水の1/6を循環して浄化処理する能力をもっていることが規定されている．

表8.1　プール水中の汚染物

汚染例	毛髪，垢，鼻汁，唾液，尿，汗腺分泌物，化粧品
汚染成分	アンモニア性窒素，尿素，有機アミン，クレアイン，アミノ酸

このようなろ過プロセスによって，ろ過装置出口における濁度(濁度1は不純物が1mg/l混入状態)が0.5以下(プール全体では2以下)とプールの水質基準で定められている．

　快適性・透明性から見ると，固形物の除去も大きな要素であるが，健康・衛生の安全性から見ると，プール水は飲料水ではないが，口に入る可能性もあるので，毒性のある化学物質や病原菌などの除去・殺菌はプール水にとってはさらに重要な要素である．その対策として水道水と同様に次亜塩素酸ナトリウム($NaClO$)，二酸化塩素(ClO_2)，亜塩素酸(ClO)等の塩素系殺菌剤が用いられていることが多かった．これらの殺菌用薬剤のプールへの投入量の基準は**表8.2**に示されるように厚生労働省も文部科学省でも定めている．表には公衆浴場の基準も示しているが，公衆浴場の湯もプール水に近い基準で定められていることがわかる．この規定の範囲を外れるといろいろな問題が発生する．特に，注目点は塩素濃度が0.4〜1.0 mg/lに定められている点である．この濃度の設定はサルモネラ菌，黄色ブドウ球菌やアデノウイルス等の菌が死滅する限界濃度が0.4 mg/lであることを基に定められたものである．

　プール水の薬品による処理では薬品の過剰供給により発生する新たな汚染物質の問題が生ずることが多い．例えば，水に過マンガン酸カリ($KMnO_4$)を加えることによって水中の有機物は処理できるので，この点では有効である．しかし，殺菌用に用いる塩素系殺菌剤を過剰投入すると，余剰の塩素(遊離残留塩素)がプール中の有機物と反応して，発がん物質であるトリハロメタンを生成することになる．この現象は水道水の場合も同じである．また，過剰投入するとプールの水が酸性(ペーハー：pH<7)となり，pH 5以下になればさらに酸性が強くなるので，プール内の金属配管等を腐食(酸化)させることになる．したがって，塩素系殺菌剤の使用では水中の混入物や菌の量に見合った殺菌剤を制御して投入し，残留塩素を0.4〜1.0 mg/lの範囲にすることが求められている．この投入量の制限値は重要であり，塩素系殺菌剤の混入が不足すれば，各種の菌が残留し，健康を害する危険に陥れる．例えば不足時にはレジオネラ菌が発生しやすくなり，その結果として肺炎などの病気を発病する原因にもなる．

　このように，飲料水の場合と同様，塩素系殺菌剤の過剰使用によるトリハロメタンの発生，不足使用による各種の細菌の繁殖等の発生を招くことになる．

表 8.2　プール水・公衆浴場の衛生基準

項目	プール水質基準		公衆浴場 (平成 12.12.15 生衛発 1811 号)	
	厚生労働省 遊泳プール 水質基準 (平成 13.7.24)	文部科学省 学校水泳プール 水質判定基準 (平成 13.8.28)	原水，原湯，上り湯及び上り用水	浴槽水
色度	–	–	5度以下	–
水素イオン濃度 (pH 値)	5.8〜8.6	5.8〜8.6	5.8〜8.6	–
濁度	2度以下	2度以下	2度以下	5度以下
過マンガン酸カリウム消費量	12mg/l 以下	12mg/l 以下	10ppm 以下	25ppm 以下
遊離残留塩素	0.4〜1.0mg/l	プールの対角線上3点以下で表面及び中層全ての点で 0.4〜1.0mg/l	–	–
二酸化塩素	0.1〜0.4mg/l	–	–	–
亜塩素酸	1.2mg/l 以下	–	–	–
大腸菌群	検出されないこと	検出されてはならない	50ml に検出してはならない	1ml につき1個以下
レジオネラ属菌			10CFU/100ml 未満	10CFU/100ml 未満
一般細菌数	200CFU/ml 以下であること	1ml 中 200 コロニー以下	–	–
臭気	–	–	–	–
外観	–	–	–	–
総トリハロメタン	暫定目標値として概ね 0.2mg/l 以下が望ましい	0.2mg/l 以下が望ましい	–	–

このような投入量の制御の困難さを解決してくれる殺菌法として登場して現在多くのプールで活躍しているのがオゾン処理による殺菌法である．オゾンは塩素に代わって水道をはじめ，いろいろな利用がなされているが，それは**表 8.3**に示すように CT で示される殺菌能力が他の殺菌剤に比べて高いからである．ここで CT で表した殺菌能力は殺菌剤の濃度 C と細菌を 99.9％以下の濃度にまでに低下させるに要する処理時間 T の積で表わしたものである．したがって，CT が小さい方が殺菌力が高いことを示している．表から他の殺菌剤に比べて CT が小さく，オゾンは高い殺菌力があることを示している．プールにつ

表 8.3 オゾン水と各種殺菌剤との効力比較(99%不活性 CT 値)

殺菌剤	腸内細菌	ウイルス	芽胞菌	アメーバシスト
オゾン水	0.01	1	2	10
次亜塩素酸	0.2	5	100	100
次亜塩酸イオン	20	200	1000	1000
モノクロラミン	50	1000	5000	200

いて最も厳しく規定されている大腸菌に対してもオゾンは 0.02〜0.04 mg/l で死滅してしまうが,塩素では 0.1〜0.2 mg/l 必要であり,オゾンは塩素より 5〜6 倍高い殺菌力をもっている.O-157,ブドウ状球菌,サルモネラ菌等についても同様にオゾンの高い殺菌効果も得られている.

オゾンは塩素の 6 倍もの強い酸化力があり,塩素では殺菌できないような,強固な細胞膜というより殻をもつウイルスにもオゾンは穴を穿け,殻の中に入り込んでウイルス菌を死滅させることができる唯一の殺菌剤といえる.またオゾンには塩素のような過剰供給の心配がないという特長がある.このように,オゾン処理は極めて高い反応性をもっていながら,過剰供給の心配がないという二つの相反するともいえる特徴を合わせ持っている.過剰供給してもオゾンは自己分解して安定な酸素分子になるからである.このようなことから,プールや風呂の安全性のために,最近はプールの殺菌にオゾンを採用したところが多くなっている.オゾンと同じ殺菌用に紫外線を使って行っているところもあり,またオゾンと紫外線を併用して殺菌作用を促進する方法(促進酸化法)も活用され始めてきた.

実際に,オゾン殺菌を社内に設置した社員用の風呂に採用することによって,何週間もお湯の水を入れ替えることなく,安心できる水質,クリーンな湯水に保つことができていることを,オゾン湯の開発メーカーでパイロットとして確かめられている.この会社の風呂は大勢の社員が仕事の終了後,風呂を使って帰宅することにしているが,数週間も風呂の水を替えることなく使用したところを見せてもらった.新しい湯水であるといわれても全く新湯と区別ができないほど,オゾン処理によってクリーンに保たれていた.また,一般の風呂と同様に,最近はデイサービスや老人ホームの風呂は各種の汚染が心配されることもあり,オゾン殺菌を導入している施設が多くなっている.また,オゾンの利

用は各分野に広がりを見せており，ペット用のバスとして脱臭・殺菌を同時に行うことのできるようにオゾンを利用したペットバスも開発されている．

　オゾンによる殺菌処理技術は過剰注入による悪影響は全く心配がなく，強力でクリーンであることが認識されつつある．オゾン処理の活用は省資源・省エネにも寄与する技術としても役立つ技術でもある．

第 9 章　農業用水

　世界で使用されている水の内訳を見ると図 4.4，日本では図 3.3 に示されるように，何れも 70％近い割合は農業用水で占められているが，この農業用水の使用量はここ 40 年来大きく変化はしていないで，ほぼ一定である．特に日本は農業用水のうち 90％は水田用であり，稲作農業を中心として展開してきたが，この水田用に使われる水の意味を「水のリサイクルセンター」とも呼んでいるほどである．この農業用水が高い割合を占めていることは私たちにとって如何に重要であるかを感じさせる数字である．

　農業用水はもちろん三大穀物であるイネ，小麦，トウモロコシ等の農作物を成育させるために使われる水である．それと同時に農地を潤しながら地下水を涵養し，ゆっくりと河川に還元して都市の用水として利用されている水でもある．この様に，農業用水は単に河川に注がれて流れ去るのではなく，水の健全な循環系を構築するという重要な役割を果たしているのである．

　世界各国の人口と 1 人当たりの農業用に使われる水の使用量の関係を**図 9.1**に示す．この図の大きな特徴は 1 人当たりの水使用量は国によって大きく異なり，中国，アメリカやインド等のような人口も国の面積も超大国は 1 人当たりでも相応の水を使用している．しかし，人口も降水量も極めて少ないが，1 人当たりでは多量の農業用水を消費している国があることは特異な現象である．これ等の国々はカスピ海沿岸のトルクメニスタン，ウズベキスタン，アゼルバイジャンやパキスタンなどである．これ等は小国ではあるが，**表 9.1**に示すように，トルクメニスタンやウズベキスタンは人口が少ないが，水の使用量も綿花の生産量も超大国に続いて多い．これらの国は綿花の国としての生産量は超大国に比べれば多くはないが綿花の栽培が最も盛んな国であり，国を支えている産業であるので，1 人当たりの生産量では非常に多い国である．余談であるが，これらのカスピ海沿岸のいずれの国も国名の最後尾についている「スタン」としているが，は何を意味しているかを知っている人は多くはないと思うが，それは「国」を意味している言語なのである．

　これ等のスタンの付いた国が綿花を多量に生産している理由は，カスピ海周

第9章 農業用水   63

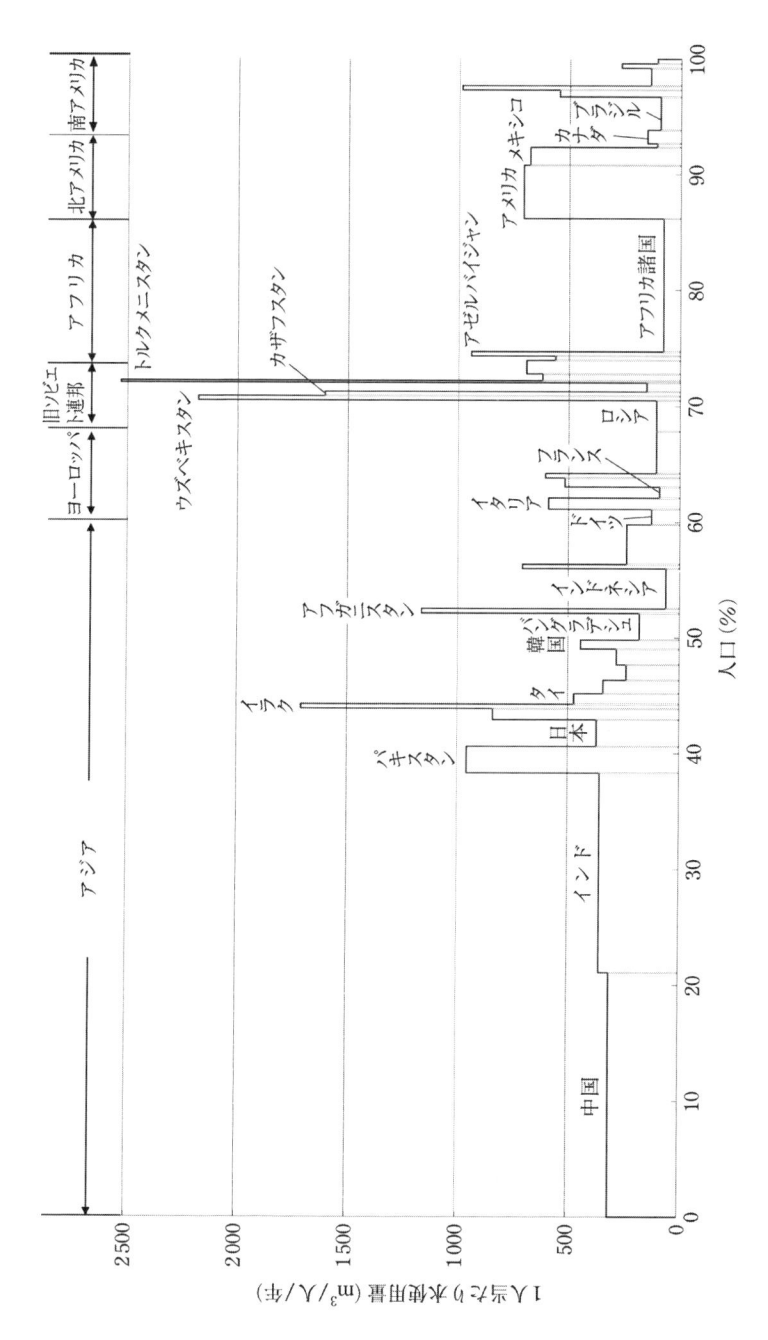

図 9.1 世界各国の人口と1人当たり農業用水消費量

表 9.1 世界の綿花生産

	生産量（万 t）	シェア（%）
中国	5770	23.3
米国	5204	21.0
インド	4051	16.4
パキスタン	2110	8.5
ウズベキスタン	1230	5.0
ブラジル	1061	4.3
トルコ	800	3.2
オーストラリア	578	2.3
その他	3948	16.0
世界計	24752	100.0

出典：InternationalCottonAdvisoryCommittee

表 9.2 世界各国の米生産量

順位	国名	産出高（万 t）	シェア（%）
1	中国	18151	28.6
2	インド	13190	20.8
3	インドネシア	5010	7.9
4	バングラデシュ	3911	6.2
5	ベトナム	3193	5.0
6	タイ	2520	4.0
7	ミャンマー	2060	3.2
8	フィリピン	1295	2.0
9	日本	1132	1.8
10	ブラジル	1021	1.6
	世界計	63461	100.0

表 9.3 世界各国の小麦生産量

順位	国	生産量（万 t）	シェア（%）
1	中国	96340	13.8
2	インド	72000	10.4
3	アメリカ	57106	8.2
4	ロシア	47608	6.8
5	フランス	36922	5.3
6	カナダ	25547	3.7
7	オーストラリア	24067	3.5
8	ドイツ	23578	3.4
	世界計	695230	100.0

辺地域は年間の降水量は多くはないが，綿花の生育時に合わせて雨量が多く，収穫期に雨が少ないという自然環境が綿花生産の好条件とマッチしているためである．一方，未だ綿花の生産の世界的シェアは少ないが，国力を支えるために近年綿花の生産が急増しているアフリカ中西部の小国があり，その国々はベナン，ブルキナ，ファソ等の国々である．この地域は降水量が多くあるにもかかわらず，国の財政を支えるための生産力の増強であり，これ等の国の総輸出に綿花の占める割合は各々46.8，37.2，32.9％にも達している．大国もそうであるが，特に小国にとっては降水量，水は国力を支配している大きな要素になっている．

世界の農業用水は世界全体から見ると，小国における綿花の生産のような，特異な例もあるが，世界の主食である三大穀物といわれている米，麦，トウモロコシの主要生産国は表 9.2，表 9.3，表 9.4 に示すように，いずれも中国，インドとアメリカ等の人口の多い大国であり，これ等の国は何れの国も面積は広く，農

表9.4 世界のとうもろこし生産量(単位:100万t)

国名	2003～4年	シェア(%)
米国	256.9	42.8
中国	115.8	19.3
ブラジル	41.5	6.9
メキシコ	21.0	3.5
アルゼンチン	12.5	2.1
世界全体	616.4	100.0

出典:農林水産省農林統計局「海外食料需給レポート2004」2004・7
: USDA"Grain:World Markets and Trade, July 2004"

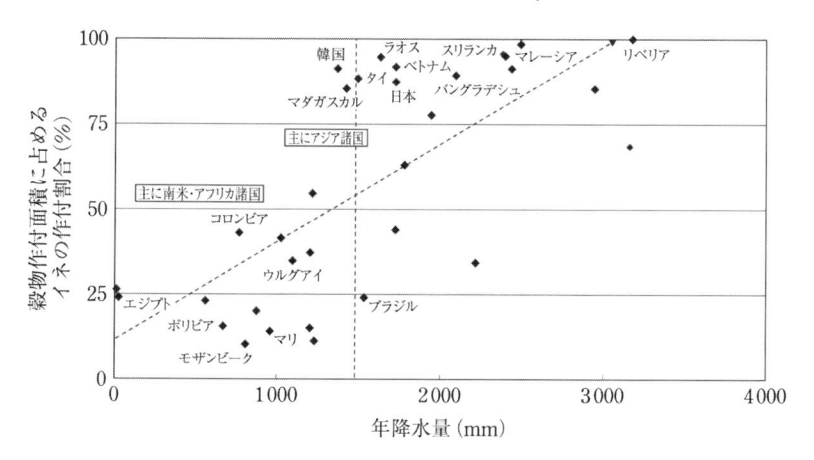

図9.2 各国の穀物作付面積に対するイネの作付け割合と年降水量の関係

業用水の豊富な国である．なかでも世界の米の生産の9割を占める上位10カ国は図9.2に示すように，全てモンスーンアジアと呼ばれる降水量の多い(1500 mm/年以上)地域に位置している．降水量1500 mm/年以上ある国々の中では耕地の75％以上が稲の作付面積となっている国が多い．水田は稲の生育の為の水であり，常時は貯水の役割と同時に水は地下に浸透して浄化されて地下水の涵養など，想像以上に多面的機能を兼ねて，極めて重要な役割を果たしていることを私達は忘れてはいけない．国土が狭く，河川が短く，勾配が急である日本が多量の水を必要とする稲作農業を盛んにしたのは降雨量が多いという気象条件と，狭い国ではあるが他の国に対してダムの建設等の治水を比較的整備されてきた点が大きいであろう．しかし，日本はダムが600箇所もあるが，いずれも小規模で，日本のダム全ての貯水量(250億t)を合わせてもアメリカン

のフーバーダムの一つにもならず，エジプトのアスワンダム(1570億t)の2割程度しかない小規模である．しかし，ダムによって有効に利用される水，いわゆる「開発水量」は農業用にも発電用にも利用できるので非常に有効な水である．

　主要な穀物のもう一つであるトウモロコシの最大生産国はアメリカであるが，近年は食糧向けの割合が減少してきており，生産量の1/3がバイオ燃料に使用されるようになっている．しかし，トウモロコシはエネルギー資源としての期待も次第に大きくなってきているが，世界の食料の今後を思うと期待と同時に利用や活用の方向性については心配の種でもある．

　小麦の生産は稲作と異なり，降水量の少ない所(1 000 mm/年)に関係なく成育するので，世界全域に分散している．しかし，大陸の内陸部の国が多い傾向がある．これに対して，米の生産に要する水は多量に必要であることもあり，沿岸の平地での栽培が多い．このような気象条件と穀物の生産と水使用量との関係を世界の地域的に見ると次のような関係にある．現在は世界の全農業用水はほぼ3.8兆 m^3 であるが，このうち70%が農業用水であるので，2.7兆 m^3 が農業用水として使用されている．この使われている農業用水を地域別に見た割合は図9.3に示されるように圧倒的にアジアが多い．この現象はアジアが人口と米の栽培が多いことによったものであることは明瞭である．

　農業用水は食糧生産に必要欠くべかざる条件であるので，究極的に水の必要量は結果的に人口に大きく依存している．現実に世界の耕地面積は図9.4に示すように，過去数十年間は増加傾向にあったが，近年は増加傾向が見られていない．しかし，それでも人口は増加しているので，1人当たりの耕地面積は減少し続け，1960年から見れば現在は半減している状態にある．

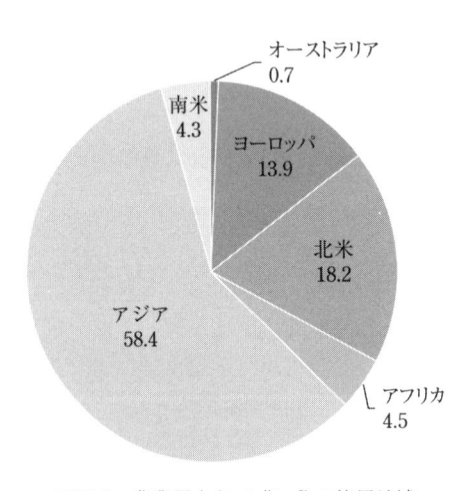

図9.3　農業用水(2.7兆 m^3)の使用地域

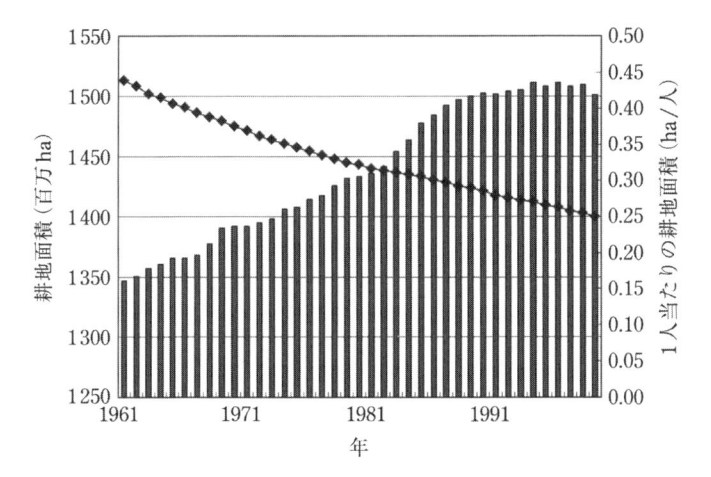

図 9.4 世界の耕地面積と 1 人当たりの耕地面積の推移

　世界の耕地面積は最近増加していないが，かんがい耕地面積は増加し，現在ではかんがい耕地面積は全耕地面積の 18 % に当たり，その 66 % はアジア地域に存在している．このようなかんがい耕地で生産される食糧は全食量生産量の 40 % に相当している．このような状態を考えると，かんがい用水の存在の大きさを改めて認識させられる．

　かんがい用水の貢献度の大きさも含め，人口と食生活や生活スタイルの変化に伴って図 9.5 に示すように年々農業用水は増加しており，今後も使用量は 2025 年には更に増加して 350 km^3/年程度にまで増加することが予想される．

　日本全体の年間使用される農業用水は 500 億 t とされているが，その中で最も多く使用されている水稲用の水質には法的な規制や制限はないが，農作物の被害と汚染物質から健康を守るために設定された表 9.5 のような基準がある．水稲の生育のための条件がしっかりと日本に根付いたのには二つの大きな意味がある．その一つとして，日本は国土が狭く急流の川では降水は短日時で海に流れてしまうが，水田の水は大地に水を縛り付けてくれる条件にある．したがって，水田は米の供給と同時にもう一つの恵みを与えてくれている．水田の水は地下に浸透して地下水となり新たな水資源となってくれている．農業用水も結果的には大切な生活用水としても有効に役立っているのである．

　農業用水は図 4.4 に示したように世界の使用水の 70 % は農業用に使われて

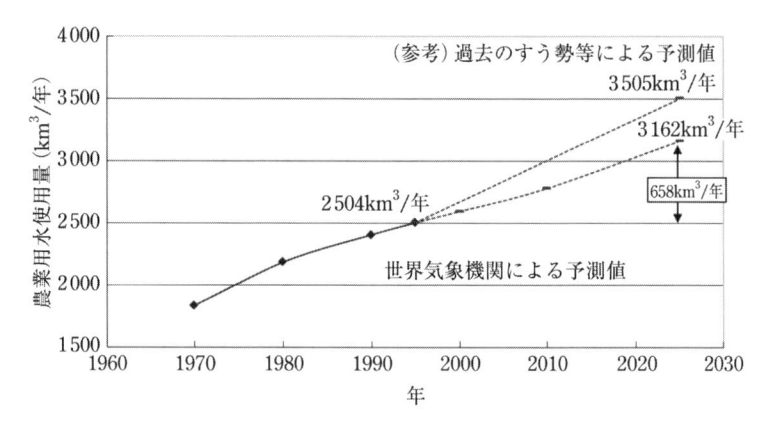

図9.5 農業用水使用量の将来見込み

表9.5 農業用水(水稲)基準

項目名	基準値	下限値
水素イオン濃度 pH	6.0〜7.5	−
化学的酸素要求量 COD	6 mg/l	0.1 mg/l
浮遊物質量 SS	100 mg/l	1 mg/l
溶存酸素量 DO	5 mg/l 以上	0.5 mg/l
全窒素 T-N	1 mg/l 以上	0.01 mg/l
電気伝導度 EC	300 μS/cm	0.1 μS/cm
	30 ms/m	0.01 ms/m
ヒ素 As	0.05 mg/l	0.001 mg/l
亜鉛 Zn	0.5 mg/l	0.005 mg/l
銅 Cu	0.02 mg/l	0.01 mg/l

出典:農業(水稲)用水基準,S 45.3(農林水産省)

いるが,後述する工業用水に比べて利用効率は低いまま,人口増に相応して推移してきている.この農業用水の効率的な使用は今後の水不足を緩和する一つの鍵でもあろう.

農業用水といえるまでの大きな存在にはなっていないが,近年植物工場と呼ばれる栽培用語が各所に使われ始めている.これは単にビニールハウス栽培を超えて,リーフレタスやサラダ菜等の高品質の野菜を効率的に,計画的に生産するシステムである.施設内で光の強さ,温度,湿度,CO_2濃度,培養液の養分の制御の下で作物を土壌や水耕栽培する.作物の生育環境を最適にコントロール下で計画的に栽培するシステムである.この様な植物工場は自然災害もなく,ビジネスとしても今後の期待される所は大きい.更に植物工場で使用される人工光源には蛍光灯や赤,青,紫等の発光ダイオード(LED)やレーザダイオード(LD)を使用すれば,光源の色によって野菜の成分を変えることができることもわかってきた.現在の植物工場では全ての野菜栽培が可能になっていな

はいが，研究的には特別の成分を多く含む野菜作りも可能になっている．

　植物工場の生産には安定供給，高い安全性，高速生産，土地の高度利用等の多くのメリットがあるとされている．また，水耕栽培で使用する水にオゾン水を使用することによって，殺菌消毒ができ，その上に水を循環させるだけで栽培できるので，水の消費は極めて少なくて栽培できるメリットもある．結果的にオゾン水による水耕栽培によって節水ができるのである．日本では水耕栽培は節水の効果を期待して行っている所はない．

　しかし，このような大量のエネルギーを使った水耕栽培による植物工場のシステムは一部の，部分的な必要性はあろうが，真に自然環境を思い，大量のエネルギー消費による CO_2 排出等の影響を考えると，植物工場的な栽培はビジネスとしては成立しても，トータルとして本来の自然環境に対して本当に有益であろうか．また，この様にして栽培された野菜に含まれる成分は露地栽培よりもコントロールできても，トータルとして健康に対して本当に良いのであろうか？そんな心配はあるが，世界の人口増や環境問題を考えると，農業のハイテク化，すなわち野菜生産には植物工場化は必要であろうし，今後更に進むに違いない．

第10章　河川

　河川水は河川による自浄作用によって浄化されることが理想である．河川の自浄作用は有機物等を含んだ汚水が川に流入しても汚染物が川の中で撹拌，沈澱，混合され，川底に付着し，これ等の有機物は吸着や微生物による酸化分解反応によって浄化される．かつては河川の自浄作用によって比較的清浄に維持されていたし，大きな問題になることはなかった．自浄作用の主要な作用の一つは，川底に住んでいる各種の微生物(例えば好気性細菌)が有機物を吸着し，それを酸化分解して，結果的に水中の有機物の汚染の指標値であるBOD(Biochemical Oxygen Demand：生物化学的酸素要求量)等を低減させることになる．また，水草や藻類の繁茂等も自浄作用に役立っている．しかし，河川の汚染は排出された汚染物質と自浄作用の競争反応であり，家庭排水や工業排水も増加してきて，河川の自浄作用の限界を超えてきたのが現状である．

　人を乗せたまま人工衛星が宇宙で長期滞在できるようになったが，この間の飲料水の調達はどうするかが心配したこともあった．尿を飲んでも大丈夫にまでろ過膜の精度は高くなっており，人工衛星では排尿したものをろ過して調達しているという．これが確かかどうかは知らないが，現在の技術的レベルでは可能になっているので信憑性はあるが，定かではない．しかし，これを可能にしたのは現在のろ過膜の技術をはじめとする水をろ過するハイレベルの技術によるものであり，ろ過膜技術がここまで精度の高い所まで進歩していることを知らない人が多いのではないだろうか．ここでは河川の汚染状況，更に汚染の元凶である下水，およびし尿処理について，以下順にその状況を見つめることにする．

10.1　河川の汚染状況

　私たちの体内に摂取する飲料水でも食糧を通してであっても，水の質は直ちに生命に関わる問題であるので，非常に神経質になり，重要視されるのは当然のことであろう．しかし，私達の周囲の水はいろいろな経路や現象を経て循環しており，使用後の下水の扱いも衛生上はもちろんのこと，また環境的に見て

も下水の扱いは極めて重要な問題である．河川の水質汚染は酸性雨，森林伐採，ダム建設，ゴルフ場，農林業(化学肥料・農薬)，工業排水，生活排水等，何れも人間の生活や産業活動が原因となっている．これらの多くの人為的にもたらされている汚染原因の中でも汚染の 70～80％は家庭からの生活排水によっている．私達の日常生活がこれだけの大きな割合の汚染を引き起こしていることは肝に命ずるべき点であろう．

30 年以上前になるが，化学薬品を多量に扱っている会社の工場を訪問したことがある．その工場では排水を自社内で処理をした後，その水を社内の広い排水路を通して池に流していた．そこの池には大きな鯉がたくさん元気に泳ぎまわっていた．当時は工業排水の中には各種の化学薬品も多量に含まれていたが，企業が独自に薬品類を除去処理した後に排出していた．鯉には残酷なようではあるが，鯉は排水の安全性を証明するためのセンサーの役割も果たしているのであろう．企業には排水処理に自信のある証拠でもあろう．このような配慮は一見残酷である一方，さすがと思わせる対応である．その当時は未だ工業排水の厳密な排出規制はなされてはいなかった．今では基準値以下にするよう規制されていることもあって，上記のような扱いは下水処理場でも多く見かけることが多くなった．

家庭排水などはその先では河川に入り，そのまま飲料水にも使われることも少なくは無いが，農業用水になったり，湖に流入したりして最終的には海に注がれる．したがって，人口密度の増加は必然的に河川の汚染が増加することになる．例えば「ローレライ」の歌で知られ，かつては水の美しさの象徴であったスイスを水源として 1300 km，日本一長い信濃川の 4 倍長いライン川も，また「美しき青きドナウ」で歌われたドナウ川も残念ながら，今ではあまりと云うより全く青く澄んだきれいな川ではなくなった．これ等の有名な川は何カ国も流れている国際河川であるので，その汚染は自国ののみならず他の国にも及ぶことになり問題となる．水の流れの問題ではあるが国境を超えているので関係国の間でも国際協力が必要になる．実際にライン川の場合には協定により溶存酸素や水銀等の溶存量は改善されていると報告もされている．世界でアマゾン，ナイルに次いで 3 番目に長い中国の揚子江は中国の全排水の 40％以上を放流しているが，その 80％は未処理のまま排水しているという．

河川を汚さないようにするため水道水と同様に，家庭排水も排出時の汚染物質の濃度を**表10.1**に示すような基準を定め，汚染の上限を許容限度として定めている．ここで定められている許容濃度は河川の環境基準の10倍の濃度である．この規定が河川水に定められている濃度より高い値に定められているのは，排水が川に放流されて再利用されるまでには10倍以上に希釈されることが前提となっているためである．

表10.1 排水基準

項目	許容限度
■有害物質	
1. カドミウムおよびその化合物	0.1 mg/l
2. シアンおよびその化合物	1 mg/l
3. 有機リン化合物	1 mg/l
4. 鉛およびその化合物	0.1 mg/l
5. 六価クロム化合物	0.5 mg/l
6. ヒ素およびその化合物	0.1 mg/l
7. 水素およびアルキル水銀その他の水銀化合物	0.005 mg/l
8. アルキル水銀化合物	検出されないこと
9. PCB	0.003 mg/l
10. トリクロロエチレン	0.3 mg/l
11. テトラクロロエチレン	0.1 mg/l
12. ジクロロメタン	0.2 mg/l
13. 四塩化炭素	0.02 mg/l
14. 1,2-ジクロロエタン	0.04 mg/l
15. 1,1-ジクロロエチレン	0.2 mg/l
16. シス-1,2-ジクロロエチレン	0.4 mg/l
17. 1,1,1-トリクロロエタン	3 mg/l
18. 1,1,2-トリクロロエタン	0.06 mg/l
19. 1,3-ジクロロプロペン	0.02 mg/l
20. チウラム	0.06 mg/l
21. シマジン	0.03 mg/l
22. チオベンカルブ	0.2 mg/l
23. ベンゼン	0.1 mg/l
24. セレンおよびその化合物	0.1 mg/l
25. ホウ素およびその化合物	海域以外 10 mg/l, 海域 230 mg/l
26. フッ素およびその化合物	海域以外 8 mg/l, 海域 15 mg/l
27. アンモニア，アンモニウム化合物亜硝酸化合物および硝酸化合物	100 mg/l

表10.1 つづき

項目	許容限界
■生活環境項目	
1. pH（海域以外の公共用水域に排出されるもの）	5.8 以上 8.6 以下
（海域に排出されるもの）	5.0 以上 9.0 以下
2. 生物化学的酸素要求量（BOD）	160 mg/l（日間平均 120）
3. 化学的酸素要求量（COD）	160 mg/l（日間平均 120）
4. 浮遊物質量（SS）	200 mg/l（日間平均 150）
5. ヘキサン抽出物質含有量（鉱油類）	5 mg/l
6. ヘキサン抽出物質含有量（動植物油脂類）	30 mg/l
7. フェノール類含有量	5 mg/l
8. 銅含有量	3 mg/l
9. 亜鉛含有量	5 mg/l
10. 溶解性鉄含有量	10 mg/l
11. 溶解性マンガン含有量	10 mg/l
12. クロム含有量	2 mg/l
13. フッ素含有量	15 mg/l
14. 大腸菌郡数	日間平均 3000 個/cm^3
15. 窒素含有量	120 mg/l（日間平均 60）
16. リン含有量	16 mg/l（日間平均 8）

10.2 下水の浄化

　下水道は都市の健全な発達，公衆衛生の向上および良好な生活環境を支えるために欠くことのできない基幹的な施設である．しかし，河川の汚染の大きな原因は下水によるものであることが多い．下水の汚濁の原因は家庭から出てくる排水により汚されている割合が高いので，この家庭からの排水から見ることとする．先ず家庭から排出されている排水の用語であるが「生活排水」と「生活雑排水」の区別をしておこう．家庭から排出される排水の中には台所や洗濯などから出る排水とトイレから出る水がある．家庭からの排水の中でし尿を含んだ排水が「生活排水」で，し尿を含まない水が「生活雑排水」としている．一般家庭からの排水でも生活雑排水はそれ程汚染度が高くはないので，そのまま下水に排水している．下水の浄化は一般家庭からの生活雑排水を基準にして処理している．しかし，一般家庭とは違い，飲食店，学校給食，病院，社員食堂，老人ホームや食品加工工場等の厨房からは多量の残飯，野菜くずや油を多量に含んで排出されることになる．現在はこれ等をそのまま下水に流すと下水

の汚濁を増加させることになるため，これ等の放流は許可されていない．したがって，これ等の場合は排水を一時ためておく装置として，グリーストラップ（祖集器）と呼ばれる装置を設置することが義務づけられているのである．

グリーストラップは 3 段階で処理されるが，1 段目はごみかごにより大型ごみの除去，2 段目は油と水の分離，3 段目から下水道管に排出するような機能，除去や悪臭の発生等の対策が必要になる．グリーストラップに溜った油や残飯は産業廃棄物として処理している．

家庭からの排水を更に規定の排水基準にするため，下水の浄化処理が行われるようになってきており，その普及率は図 10.1 に示すように年々向上してきている．ここで言う普及率とは総人口に対する下水処理施設が完備している地域に居住している人口の割合を示している．現在は日本全体の下水処理の普及率は最近 82.4％に達し，下水処理にオゾンを使って高度処理する割合も 13％を超えてきている．下水の普及率は全体では 80％を超えているが，自治体の規模によって，表 10.2 に示すように大きく異なっており，東京都のような大都市圏では高いが，地方では低い普及率である．地方の小都市では人口密度も低いので，現在でも河川水は大都市圏より汚染されていないため，普及率を遅らせている原因になっていることも確かである．このような取組みによって，例えば，隅田川や多摩川等の川はかつて黒ずんだ状態であったが，現在では汚染は相当に浄化され，魚も住めるような状態になってきている．しかし，本来の天然水の姿にはまだまだ遠い状態である．

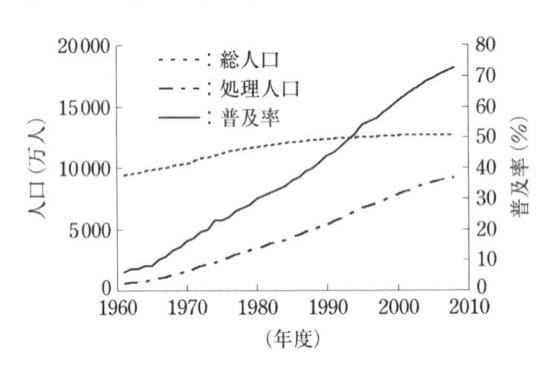

図 10.1　日本の下水処理の普及率の変化

表 10.2　国内下水道の普及率の差

自治体	下水道普及率(%)
徳島県	11.5
東京都	98.4
政令都市平均	97.6
一般市平均	60.6
全国平均	82.4

日本の下水道普及率は現在 80％程度になっているが，表 10.3 に示すように，

先進国の中でも EU 各国には 90％を越える高い普及率に達している国が多くある．技術立国を標榜し，世界第 3 位の GDP を誇る日本としては，下水の普及率を何とかもう少し高めなければ恥ずかしい数値であるかも知れない．しかし，日本で見ると下水道管の総延長は 292×10^6 m にもなり，地球の 6 周に相当する長さである．下水処

表 10.3　世界各国の下水普及率

国名	下水普及率(%)
日本	82
スウェーデン	93
オランダ	98
ドイツ	95
カナダ	80
アメリカ	91
イギリス	97

理には決して高いレベルの技術を駆使しているのではないので，下水道の整備を達成すには国や自治体として，しっかりと取り組む姿勢と決断が必要である．

実際に行われている下水処理の方法としては図 10.2 に示すようなプロセスが一般的である．一般家から排出された下水処理では固形物は沈殿池で除去し，反応タンクに移す．ここでは活性汚泥（微生物を多量に含んだ汚泥）中の微生物を活性化するために空気を吹き込んで（エアレーション）沈澱しやすい物質（フロック）に転換させる．エアレーションの方法には旋回流式，全面エアレーション式，気泡噴射式や水中撹拌式等があるが，何れの方法を採用するかは必要な空気量の汚染度や汚染物質等によって選択される．更に次のステップでフロックを沈殿させた後に殺菌して排出する．汚泥処理の中で脱水処理はベルトプ

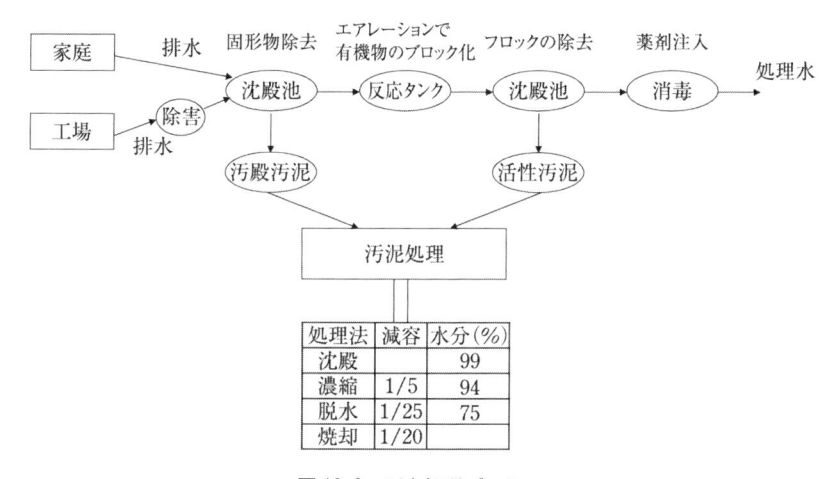

処理法	減容	水分(%)
沈殿		99
濃縮	1/5	94
脱水	1/25	75
焼却	1/20	

図 10.2　下水処理プロセス

レス脱水，加圧脱水，遠心脱水法等の方法によって行われる．最終的な処理として焼却方法としては流動焼却，多段焼却，階段式ストーカや回転乾燥焼却炉等がある．

　ここで家庭の中で私達の身近な所にあるが，あまり気づいていない環境を配慮した工夫を紹介しよう．それは，各家庭の洗面所の下にある排水管には S 字型に曲げられている部分がある．何故この点をこのような S 字の形状にしているのであろうか？それは排水管の下から臭気や害虫が下から入ってこないように，この部分に水溜を作ってあるのである．

　家庭用の排水か，工場排水かによって異なる点はあるが，工場排水の場合は工場によって各種の異なる物質が含まれる．排水中には水銀・鉛・リンやシアン等の有害物質や下水管に損傷を与える酸性の強い薬品や揮発性物質(VOC)が含まれていることが多い．そのため現在の工場排水はこれ等の有害物質を除くため，企業には排水中に含まれている排出成分とその量に応じた除去装置を設置することが義務付けられ，排水の排出基準を守ることになっている．したがって，工場から排出される工業排水中に含まれる物質が業種によって多種多様であるので，各事業者の責任において規定値以下に浄化して排出している．そのため，現在は化学薬品を多量に扱う工場からの排水も，一般家庭からの排水と同等かそれ以上に浄化され，鯉も棲めるように浄化されて排出されているのが一般的で，珍しいことではなくなっている．

　下水の排出管は水道と同様に各家庭に接続されているので，都市部では網の目のように配管されており，日本についていえば，その長さは全国ではほぼ 40 万 km (358 534 km) で，これは地球の周囲の 9 倍近い長さに相当する．一般家庭からの下水には生活排水，し尿排水および雨水があるが，表 10.4 に示すように，排水の有機物による汚染や浄化の程度の判断は一般に BOD (Biochemical Oxygen Demand：生物化学的酸素要求量) と COD (Chemical Oxygen Demand：化学的酸素要求量) によって評価されている．BOD とは排水中の有機汚染物質が微生物により分解されて安定な物質に変化するまでに消費される酸素の量である．この BOD の値が高いほど水中の有機物による汚染度が高いことを示している．また，COD とは排水中の有機汚染化物質を酸化剤で酸化するために消費した酸化剤の量である．BOD と COD の詳細な違いは

表10.4 生活雑排水とし尿水の汚濁単位と水質の一例

項目	生活雑排水		し尿排水(水洗便所)	
	原単位(g/人・日)	水質(mg/l)	原単位(g/人・日)	水質(mg/l)
BOD	27	180	13	260
COD	12	80	6	120
SS	13	87	22	440
T-N	1.3	9	6	120
T-P	0.3	2	0.5	10
MBAS	2.6	17	0	0
水量(l/人・日)	150	—	50	—

出典：川合真一郎, 山本義和, 明日の環境と人間, 東京化学同人(2004)

専門家でないと区別は難しいかも知れないが，いずれも有機汚染物質の量を評価する単位と考えればよい．また，排水中の汚染物質として SS (Suspended Solids：粒径 1μm 程度の固形浮遊物質)と呼ばれている浮遊物質がある．SS は固形物であるので，第一段階の沈殿池で除去できる．したがって，有機物質による水質汚染を示す評価としては最終的には水中に酸化されて残る物質の量(BOD や COD の値)で評価することが多い．

　河川，湖沼や海域の汚染は環境基準で定められているが，湖沼の達成率が最も低い．それは，湖沼は海洋と違い水の量が格段に少なく，河川から汚染物質が流入して蓄積されるためである．そのため，湖沼汚染を抑える方策として①道路からの流入水の汚染度を低減するための路面の清掃，②家畜排泄物の浄化促進，③農業用化学肥料や農薬の削減などの私達個々人の心がけによる日常的で，地道な取組みが重要であり，これを超えた素晴らしい技術は無いといってよい．

　下水処理は図 10.2 に示すようなプロセスで行われるが，これらのプロセスの中で主力的な技術として活躍している二つの技術についてだけ次に示そう．その一つはエアレーションによる反応タンクの役割である．最初の沈殿池で大きな浮遊粒子などの固形物は除去されているが，その後の有機物を含んだ下水に空気を微小な泡にして送り込む，このいわゆるバブリングと呼ばれる方法によって汚水中に酸素を供給(8〜9 時間)する．バブリングとは汚水中に微小な「泡状」にして空気または酸素を供給する方法であり，この方法によって，水中の有機物に微生物によって自力での繁殖を促進させて，有機物を分解し，凝

集性のある細かな線状の物質(フロック)作る．汚水中でバブリングを数時間行うとフロックは成長して大きな集団となる．このような，自然繁殖に近い微生物の働きで粒径の小さな有機物は粒径の大きなフロックを含んだ活性汚泥となって次の沈殿池(3〜4時間)に送られ，沈殿させることによって除去させることになる．エアレーションはこのように反応タンクでは排水中に空気を送り込み，微生物の培養を促進栽培することによって，自然現象を利用して除去する技術である．このエアレーションのプロセスは川で石や岩のある川を水が水しぶきを立てながら，ゆっくりと流れる間に，微生物が繁殖して，石などに付着して水中から除去される，という極めて自然現象に近いプロセスであり，理想に近い浄化法といってよい．エアレーションは水中の有機物の除去を有効であり，現在日本ではBODやCODの環境基準の達成率は河川では87.2%，湖沼3.4%，海域76%に達している．

　生活排水中に存在する有機物質の多くは数時間の酸素を供給するエアレーションによって除去できる場合が多いが，エアレーションによっても分解しにくい，いわゆる難分解性の有機物質も存在する．

　エアレーションによって，分解できない物質を更にバイオ的な手法によって浄化させる方法として，現在研究の進んでいるのがバイオレメディエーションと呼ばれる研究領域である．これは生物を利用した環境修復技術であるが，本来から生息する微生物を活性化させて利用する技術(バイオスティミュレーション)ともう一つは外部から微生物を培養し，その微生物を汚染物質の分解に利用する技術(バイオオーグメンテーション)である．この二つのバイオ技術は難分解物質を分解できる微生物を積極的に培養して，分解に役立てようとする新しい技術である．これ等の技術は未だ実用化されるまでには至っていないが，これ等の技術が有効に機能するようになれば，これは植物本来の生命活動を促進する技術である．しかし，これ等の技術が更に大きく期待されるのは，地球温暖化の主犯とされているCO_2も植物の同化作用によって分解や吸収できることが期待できそうであるからである．

　もう一つ下水処理にも活躍している技術はオゾン処理技術である．下水の殺菌は今までは最終的に塩素等の薬品で行って川に流すことが多かったが，高度浄水処理と同様に最近は最も害の少ないオゾン処理によって殺菌処理をして放

流する方法が採用され始められている．このように下水水処理にもオゾンが使われてきたのは上水の場合と同様である．特に下水の殺菌用に塩素を多量に使用すれば，水中のアンモニア性の窒素と反応して図 10.3 に示すように，多量の発がん性のあるとされている有害なトリハロメタンを生成してしまうからである．図中に示した総トリハロメタンはクロロホルム，ジブロモクロロメタン，ブロモジクロロメタン，ブロモホルムの 4 種類の総和を示している．例えば飲料水のクロロホルムの日本の基準は 0.06 mg/l であるので，これを ppb で示せば，ほぼ 60 ppb 程度となるので，基準をはるかに超えた濃度である．WHO の基準は 0.2 mg/l であるので日本より高い濃度であるが，実際はそれでもはるかに超えた濃度である．トリハロメタンの有害性については前に述べた通りである．

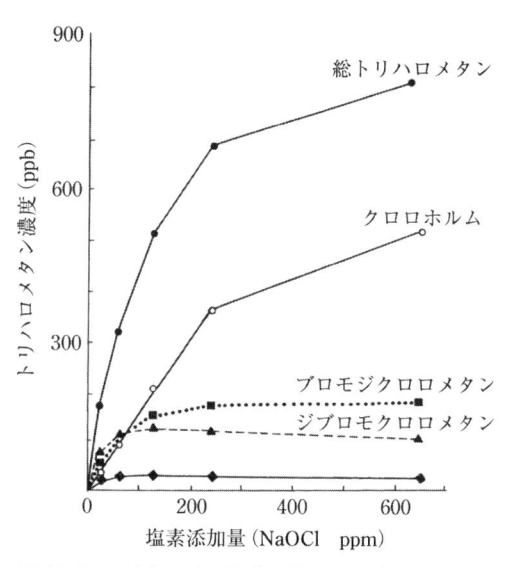

図 10.3　下水処理水に塩素を使用した時のトリハロメタンの生成

　最近はオゾン処理でも気泡を直径 50μm 位のマイクロバブルや，それ以下のレベルのナノバブルを発生する技術開発み進み，各分野においてその効果が現われているので，今後はオゾンによる水処理に対する期待は一段と高まりそうな兆候にある．

　また，光触媒は空気中でも反応速度は遅く，水中での反応は空気中より更に遅い欠点がある．しかし，それでも簡易的な処理法として利用されている．紫外線はオゾンの殺菌や不純物の分解速度を向上させるための技術として，オゾンに光触媒を併用することによる相乗効果が見られており，今後はこの相乗効果も生かした有益な技術となりそうである．飲用水の場合と同様に，最近の膜ろ過技術の向上もあって，下水処理にも膜ろ過が採用されることも多くなって

きている．このような処理技術を採用することによって，処理用薬剤の注入量も減少してきていることは極めて望ましいことである．

下水をいろいろな技術を駆使して浄化処理することも必要であるが，技術に頼らず，河川，湖沼や土壌が本来もっている生態系による浄化作用を回復促進することも試みられている．自然による力を技術力の驕りによって阻害しないように，少し進行速度は遅いが，できる限り自然現象に近い真の自然の営みを援助するような手法で自然環境をキープしたいものである．

10.3 し尿処理と浄化

汚水処理の中で最も汚染の度合いの高い汚水がし尿であり，その処理の仕方には長い曲折があった．し尿には各家庭はもちろんのこと，工場やビル等の人的な物の他に家畜からのものもあり，これ等は社会問題化したこともある．

大昔はし尿を水の流れを利用して河川や海が便所であって，その当時のし尿も汚水も自然浄化のみに頼っていた．それでも人口が少なかったので，河川の自浄作用で事足りていた．しかし，その後のし尿の処理は合理的なリサイクルとしての扱いに移った．それはし尿を貴重な肥料（下肥）として農地に撒く，いわゆる「し尿の農地還元」が広く行われてきた．「し尿の農地還元」の初期には農家は自分の畑に自宅のし尿を撒いていたが，その後業者が各家庭からお金を払って汲み取り，し尿を農家に販売していた．し尿は農家の重要な肥料として役立っていた．この頃の状態はまさしくし尿は自然に供給される貴重な有機肥料（下肥）として，また農村還元として貢献していた．

その後，料金を徴収して汲み取るようになったが，1人が排出する量は**図10.4**に示すように30％程度で大きな変化はないが，人口増に伴いし尿の量が増加し，更に化学肥料の普及により全量の農家受け入れが困難となり，いわゆるバキュームカーで汲み取り，海洋への投棄が主流になった．さらに公共下水道の普及と2007年から海洋投棄がロンドン条約によって全面禁止された．

この様な経過をたどって，現在では地方都市でも**図10.5**に示すように，汲取り方式の割合は減少し，公共的な下水処理に移行している．大都市近郊では既に汲取り方式は1％以下になっている所が多い．し尿は悪臭もあるので，環境的面もあり今は農家への還元も廃止している自治体も多い．

し尿処理方式には「汲取り処理」「浄化槽処理」「下水道処理」の何れかであるが，大都市圏では水洗トイレで，し尿用の下水道に流して，一括して処理される．しかし，浄化槽処理は各家庭で簡易の浄化槽を設置して処理を行う．当然浄化槽では各家庭では水洗トイレによって流されて浄化槽に入れられる．処理後は河川または下水道に排出することになる．し尿を含んだ下水は公的な処理場で処理されるが，し尿処理場では 図 10.6 に示すようなフローによっているのが一般的である．この中で徐渣は大きなごみの除去(夾雑物をスクリーンにより)，主処理は固液分離を行うところであり，ここでのプロセスは沈殿法か膜と加圧により脱水することが主である．汚泥処理部は脱水された固形成分を一般的には焼却処分を行う．脱水されたし尿処理水には微小な有機物等が多く含まれているので，高度処理部では塩素を投入して有機物の酸化と脱臭，脱色，殺菌，消毒等を行ってきたが，最近のし尿処理ではこれらの処理効果の高いオゾンを使うことが多くなってきている．実際にオゾン処理は多くの水の高度処理には欠かせない処理技術になっており，殺菌にはもちろんであるが，し尿処理にとって重要な脱色，脱臭には

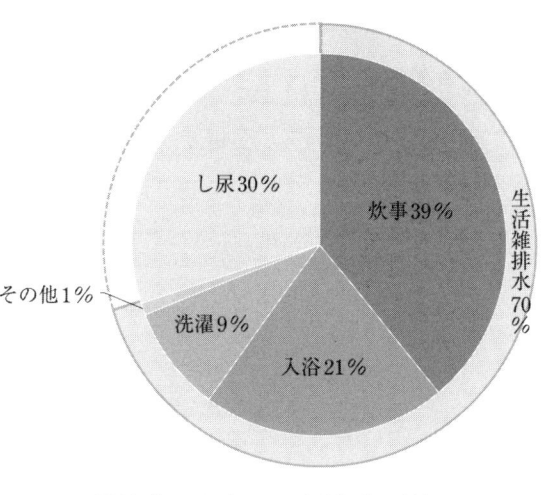

図 10.4　1 人が 1 日に出す汚水の割合

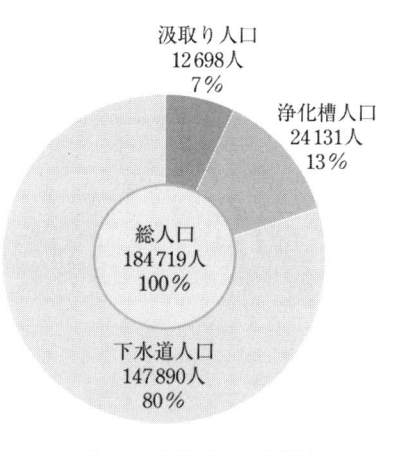

図 10.5　し尿処理方法別割合

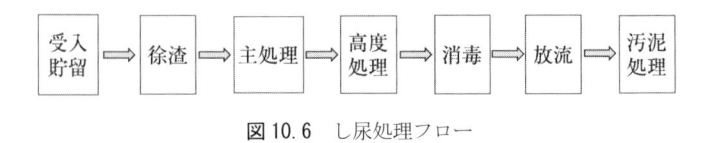

```
受入貯留 → 徐渣 → 主処理 → 高度処理 → 消毒 → 放流 → 汚泥処理
```

図 10.6　し尿処理フロー

図 10.7 に示すように，顕著な効果がある．したがって，処理フローの図の高度処理にはオゾン処理が多く採用されるようになって来ている．かつては嫌気性消化，好気性消化，湿式酸化，希釈曝気等と呼ばれる方法も採用されていたこともある．

10.4　水の再利用

水の再利用は「飲料水の確保」と「水質汚染の低減」という大きな目的を達成するためである．水は私達の生命に直接か

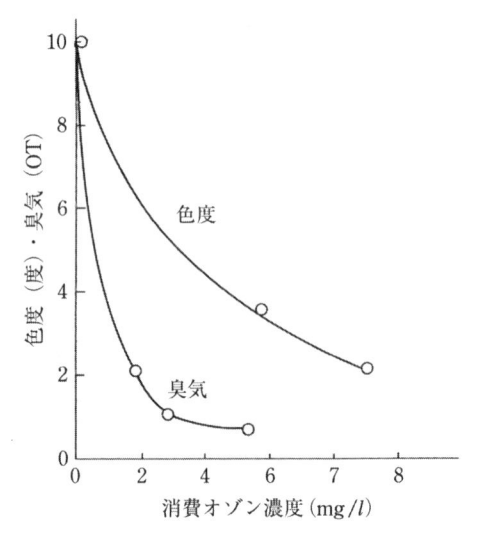

図 10.7　オゾンによる臭気・色度の除去効果

かわる，最も貴重な有限ともいえる資源である．再利用には技術も必要であるが，今後はこれを更に推進する必要があろう．

水の呼称に「雑用水」と「中水」と呼ばれている水がある．これ等はほぼ同義語であるといってよいが，中水の方がわかりやすい．中水は水道水である上水と下水の中間的位置にあることに由来している付けられた名前である．中水は飲料にはならないが，人体には直接接しないようなところで有効に活躍させることができる水である．中水が水の再利用されるようになってきたその背景は①水需要のひっ迫，②地下水の利用による地盤沈下，③下水料金の軽減，等である．

一般家庭における中水は雨水などの撒き水等はあるが，他から供給されて利用することはあまりないであろう．しかし，オフィスビルや公共施設などで大勢が集まる所で使われる水の中でトイレ，各種清掃用水，各種洗浄水，打ち水，

暖冷房用の空調や噴水等の観賞用等に使われる水は中水で十分である．例えば**図10.8**に示すように，あるビルの水の用途を調べると圧倒的に水洗トイレが多い．水洗トイレの水は上水を使わなくても中水で十分その役を果たせるのである．中水の利用は予想以上に多く，現状では全使用水量の20〜50％を占めている．現実に高層ビル等では冷暖房やトイレに中水を使うことにより大幅に水道料金の節約になっている．また，工業用水に位置付けられている水としても冷却，洗浄，洗車や散水等にも多量の中水が使われている．これらの目的に限って使用する水には水道水ほど厳格な浄化処理は必要とせず，中水(または雑用水)としては**表10.5**に示されるような基準を満たしていれば十分である．中水としてのこれらの基準は①衛生上の基準がないこと，②利用上の支障や不快感がないこ

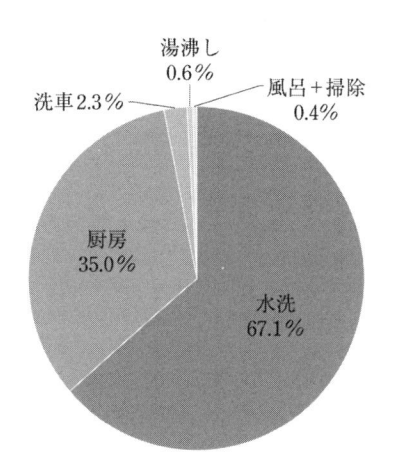

図10.8 一般ビルの水の使途の比

表10.5 再生水の水質基準

基準適用項目	項目	水洗用水	散水用水	修景用水	親水用水
再生処理施設出口	大腸菌	不検出(検水量は100mℓ，特定酵素基質培地法による)	不検出(検水量は100mℓ，特定酵素基質培地法による)	大腸菌群数として1000CFU/100mℓ以下	不検出(検水量は100mℓ，特定酵素基質培地法による)
	濁度	(管理目標値)2度以下	(管理目標値)2度以下	(管理目標値)2度以下	2度以下
	pH	5.8〜8.6	5.8〜8.6	5.8〜8.6	5.8〜8.6
	外観	不快でないこと	不快でないこと	不快でないこと	不快でないこと
	色度	利用者の意向等を踏まえ必要に応じて基準値を設定	利用者の意向等を踏まえ必要に応じて基準値を設定	40度以下利用者の意向等を踏まえ必要に応じて基準値を設定	40度以下利用者の意向等を踏まえ必要に応じて基準値を設定
	臭気	不快でないこと(必要に応じて臭気強度を設定)	不快でないこと(必要に応じて臭気強度を設定)	不快でないこと(必要に応じて臭気強度を設定)	不快でないこと(必要に応じて臭気強度を設定)

と，③水処理技術の安全性が確立していること，および④コストが合理的であること，などを目標として定めたものである．

　中水とはいえ，見掛けは透明で，水道水と全く変わらず，公園などに設置されている噴水などにも使われ，人々の心を和ませてくれている．このようにいろいろな分野に再利用されている中水化のプロセスは**図 10.9** に示すように，上水の処理に比べて簡単に処理することができる．中水の利用は身近な所にも多くあるので，地方自治体によっては中水も使用目的によって**表 10.6** に示すように不純物の目標を変えている．中水の利用によって，水道水の節水が可能となり，上水の節約による負担軽減の役割は大きい．また中水は工業用水とし

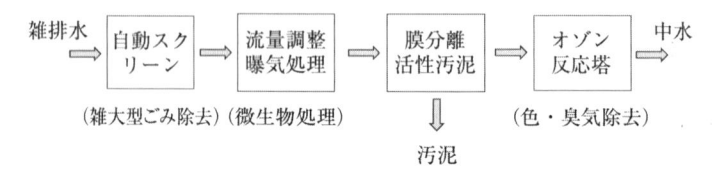

```
雑排水 → 自動スク    → 流量調整  → 膜分離    → オゾン    → 中水
         リーン       曝気処理    活性汚泥    反応塔
       (雑大型ごみ除去)(微生物処理)    ↓        (色・臭気除去)
                                  汚泥
```

図 10.9　中水化のプロセス

表 10.6　雑用水の水質目標

分類	I 類		II 類				単位
項目用途	トイレ	空調用	洗車	散水	掃除	池	
SS	30>	10>	5>	5>	5>	5>	mg/l
色	不快感を伴わない	不快感を伴わない	30>	50>	30>	30>	
臭気	不快臭を発しない	不快臭を発しない	不快臭を感じない	不快臭を感じない	不快臭を感じない	不快臭を感じない	
pH	6.5〜9.0	6.5〜9.0	6.5〜9.0	6.5〜9.0	6.5〜9.0	6.5〜9.0	
BOD	<20	<10	<10	<10	<10	<10	mg/l
COD	<40	<20	<20	<20	<20	<20	mg/l
溶解性物質	<5000	<1000	<500	<1000	<500	<1000	mg/l
アンモニア性窒素	<20	<20	<10	<10	<10	<10	mg/l
硬度	<400	<300	<200	<300	<200	<300	mg/l
塩素イオン	<400	<300	<200	<300	<200	<300	mg/l
ABS	<2	<1	<10	<2	<1	<1	
鉄＋マンガン	<1	<0.5	<0.3	<1	<0.3	<1	mg/l
残留塩素	−	−		>0.2	>0.2	>0.2	mg/l
大腸菌群数	−	−	(−)	(−)	(−)	(−)	

出典：小西功三，生活系廃水の処理と再利用，ケミカル・エンジニアリング，31(7)

ても利用できる分野も多くあり，今後は水の有効な利用促進のためには中水の利用は増加するであろう．しかし，私達が注意を要する点がある．それは高層ビル等のトイレの手洗い用の水は中水を使っていることが多くなっていて，飲用ではないことである．

場所によっては河川の上流ではきれいな，そのままでもおいしく安心して飲める水もあるが，下流では多くの家庭排水の流入した水である．しかし，河川の利用状況も含めて，河川水の環境基準も **表 10.7** のように定めている．この基準の範囲の河川水を利用しているのが現状であるが，これは最低限を示すものであり，より高いレベルの水質になるよう，私たち各々が排水時の浄化には心がけたいものである．下水の中で再利用されている水の量は **図 10.10** に示されるように，ほんの1.5％の量である．しかし私達が日頃何気なしに接している水の中にも再生水が多くの分野で使われているかに驚かされる．これ等の再生水によって現在までには健康上等の問題は起こってもいない．この私達の環

表 10.7 河川の生活保全に関する環境基準

類型	利用目的の適応性	基準値				
		水素イオン濃度 (pH)	生物化学的酸素要求量 (BOD)	浮遊物質量 (SS)	溶存酸素量 (DO)	大腸菌群数
AA	水道1級，自然環境保全およびA以下の欄に掲げるもの	6.5以上 8.5以下	1 mg/l 以下	25 mg/l 以下	7.5 mg/l 以上	50 MPN /100ml 以下
A	水道2級，水産1級，水浴およびB以下の欄に掲げるもの	6.5以上 8.5以下	2 mg/l 以下	25 mg/l 以下	7.5 mg/l 以上	1 000 MPN /100ml 以下
B	水道3級，水産2級，およびC以下の欄に掲げるもの	6.5以上 8.5以下	3 mg/l 以下	25 mg/l 以下	5 mg/l 以上	5 000 MPN /100ml 以下
C	水産3級，工業用水1級およびD以下の欄に掲げるもの	6.5以上 8.5以下	5 mg/l 以下	50 mg/l 以下	5 mg/l 以上	—
D	工業用水2級，農業用水およびE以下の欄に掲げるもの	6.0以上 8.5以下	8 mg/l 以下	100 mg/l 以下	2 mg/l 以上	—
E	工業用水3級，環境保全	6.0以上 8.5以下	10 mg/l 以下	ごみ等の浮遊が認められること	2 mg/l 以上	—

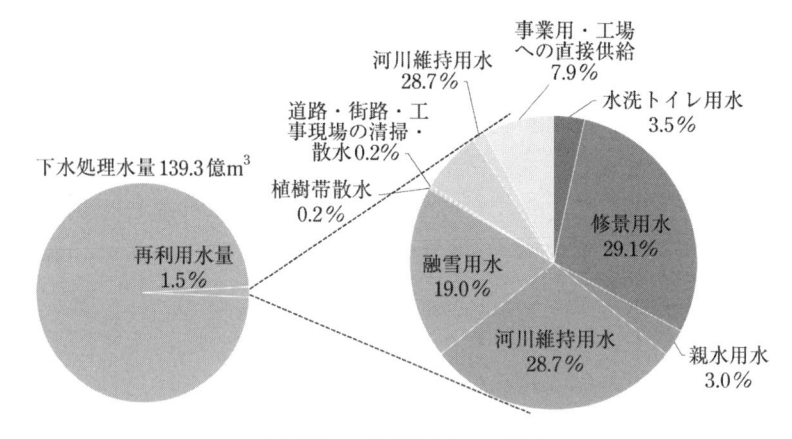

図10.10 再利用水とその用途

境に対する心がけこそ「塵も積もれば山となる」の事象であろう．

第11章　湖沼の汚染と浄化

　地球上の水が多量に蓄積されている所として海に次いで湖と沼と池があるが，人工的で小規模な池は別として，湖と沼の定義やその区別は明確にされてはいない．しかし，概略は深くて大きなものが湖であり，小さくて浅いものが沼といった程度の区別がなされている．

　沼の水深は浅く，水量も少ないので植物も川面に繁茂していることも多いので，水質の汚染が大きな問題となることはあまり多くはない．また，池は更に規模が小さく，個人的な管理がなされていることが多いためか，沼よりも更に水質汚染が問題になるようなことは少ない．それは各家庭に付属し，池には観賞用の魚を飼って楽しんでいる場合が多く，管理は行き届いているためであろう．一方，湖沼の水の多くは上水道や工業用水の水源として大量に使用されるため，これらの水質には注目せざるを得なくなっている．

　いずれの湖沼も河川とは異なり，湖沼には河川や地下水や雨水が流入して水が一定期間は蓄積されるので，一種の沈殿池のようであり，各種の不純物も流入して蓄積される．特殊な場合には塩水の噴出や塩の蓄積もあるが，一般には淡水湖である．長時間にわたって滞留すると汚染物が湖沼の底に蓄積し，結果的に蓄積物が湖底となっており，この湖底蓄積物のために湖沼の水質改善が進まない大きな原因にもなっている．しかし，湖沼の水も飲料水の水源となっている場合もあるので，その利用目的によって環境基準として**表11.1**のように定められている．

　工業排水は，かつては各種の酸や塩類などの化学薬品や鉛，水銀などの金属成分が流入し，この様な場合には殆ど生物が棲めない状態のケースが多く見られた．しかし，現在工業排水は排出規定によって事業主において浄化して排水することが義務化されるようになったので，湖沼に流れ込む工業排水による汚染は殆んど解消されているといってよい．湖沼等の水質汚染の評価には26項目あるが，そのうち生活環境項目の代表的なものとして，環境保全用には有機性汚濁物質の指標であるCOD(化学的酸素要求量)は $8\,mg/l$ 以下(水道水用には $1\,mg/l$ 以下となっている)となっている．河川水などについて，この環境用

表 11.1 湖沼水の環境基準

類型	利用目的の適応性	基準値				
		水素イオン濃度 (pH)	生物化学的酸素要求量 (BOD)	浮遊物質量 (SS)	溶存酸素量 (DO)	大腸菌群数
AA	水道1級, 自然環境保全およびA以下の欄に掲げるもの	6.5以上 8.5以下	1mg/l以下	1mg/l以下	7.5mg/l以上	50MPN /100ml以下
A	水道2,3級, 水産2級, 水浴およびB以下の欄に掲げるもの	6.5以上 8.5以下	3mg/l以下	5mg/l以下	7.5mg/l以上	1000MPN /100ml以下
B	水産3級, 工業用水1級, 農業用水およびC以下の欄に掲げるもの	6.5以上 8.5以下	5mg/l以下	15mg/l以下	5mg/l以上	—
C	工業用水2級, 環境保全	6.0以上 8.5以下	8mg/l以下	ごみ等の浮遊が認められないこと	2mg/l以上	—

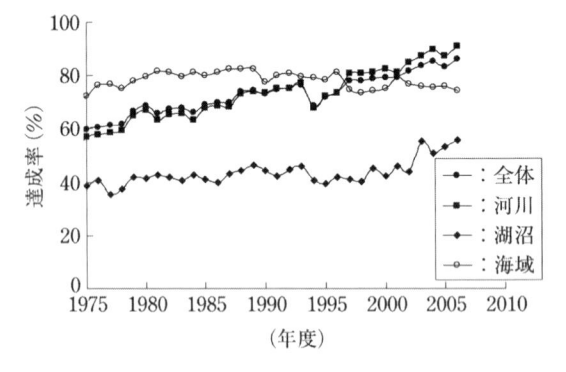

図 11.1 環境基準達成率の推移

基準の達成率は図 11.1 に示されるように, 達成率は湖沼が最も低く, 最近でも 55.6％にとどまっている. この原因は湖沼が河川に対して閉鎖性であるため汚染物質が蓄積されることと, 海に対して水の容量が格段に少ないため汚染物質の湖底への蓄積の影響が大きく表れるためである. 湖底に蓄積された多量の有機物類は腐敗し, 水中の溶存酸素を消費し, 貧酸素層を形成して, 自然浄化が十分にできず, 結果的に魚介類の生息もできない状態に陥れている場合が多くある.

しかし, 法的な規制や水処理技術などにより全体として湖沼の水質は徐々には向上しており, 中でもその理由となっていることの一つは湖沼に流入する河川の基準達成率が徐々に向上していることである. これは日本人の水に対する

意識の向上を示すものであろう．内閣府の水に対する調査でも，「水を汚さないよう生活排水に注意する」と答えた割合は76％に上る数値が端的に表している．したがって，今後は流入する河川水の改善によって湖沼の汚染は更に改善されるであろう．湖沼の中でCODの増加はアオコや赤潮の発生にまで進展する可能性があり，これが湖沼としては大きな問題である．この対策として，研究的には薬品を使わず，オゾン，マイクロバブルや磁場等を使った分解や除去する技術が開発され，その効果が実証され始めている．

オゾン法では気体のオゾンを含んだ空気を湖沼の水中に泡状に放出すること(バブリング)により水中に送り込み，溶解させてアオコ等を酸化させて消滅させる技術である．また，空気のマイクロバブル(気泡径がμmレベル)を水中で発生させ，空気を十分に水中に溶解させて供給することによってBODを酸化分解させ，魚介類の養殖にも良好な効果があり，その成果もあげられている．マイクロバブルは更に今後粒径の小さなナノバブルの活用へと進む可能性も出てきている．それは超微小なサイズのナノバブルのオゾンは良く水に溶解する性質により高い浄化作用が得られるからである．

また新しい浄化法として，磁気分離法も提案されている．水中の汚濁物質が磁性体であればそのまま磁界を加えて吸引し，除去できるであろう．この原理で非磁性体の汚濁物質(アオコ，プランクトン，大腸菌等)を除去するには次のような前処理が必要になる．水中に磁性を持った凝集剤を加えて汚染物質を$100\mu m$くらいのマイクロフロックに形成させる．このマイクロフロックを含んだ水を強力な磁場中を通過させ，磁力で吸着させて除去する方法である．しかし，これらの新技術は原理的には確かめられ，有効な技術ではある．しかし，湖の全ての水に対して浄化処理を行うには時間とエネルギーを要し，結果的にコストがかかることになる．したがって，これ等の技術もある限られた局部的な汚染地点について適用する事は有効な技術であろう．しかし，湖沼の汚染物質は河川からの流入による要素が大きく，河川の浄化すなわち私達の日常に携わっている排水の浄化であり，身近な所に委ねられる点が最も大きいことになる．

21世紀は水の世紀ともいわれているが，河川も湖沼の汚染も工業用水を除けば終局的には家庭からの排出水の浄化が大きいことを私達は強く認識する必

要がある．排出されてからの浄化は汚染が河川から湖沼や海にまで拡散するので，非常に困難である．したがって，各家庭で少しの心がけが河川や湖沼の汚染を軽減させることのできる最短で，最重要な要素である．私達が毎日接している身近な心がけとして，幾つかの具体的で積み重ねることの有効な対応を次に列挙しておく．

①料理内容を適量に調理，②米のとぎ汁は庭木などへ供給，③固形残飯類は流さない，④食油は使いきり，残りは流さずごみ処理化，⑤洗濯時の洗剤の適正化，⑥風呂の水の再利用(洗濯水等)，⑦トイレ水の中水化．

湖沼の汚染でも大気汚染に密接に関係しているもう一つの汚染に関わる心配の現象がある．大気汚染で問題になっている高い NO_x や SO_x 濃度によって降る酸性雨により，河川や湖沼の酸性化が進んでいるらしいことである．これは原因が完全に明瞭になってはいないので，「いるらしい」と記したが，長期的には酸性雨も湖沼汚染にとって心配になる原因である．このような酸性雨による汚染は水の集積する所に共通の問題であるので，湖沼のみならず海水の汚染についても同様に心配なことである．

第 12 章　海　水

　環境問題を考えて見ると大気と海水については各国が各国毎に直接関わっている問題であるが,同時に国境を超えた世界の国々に共通にも深く関係している問題でもある.人類は上空では地表から 38 万 km 離れた月の表面に達し,その表面探査も行っているが,水深 10 km 以下の深海には未だ到達してはいない.それだけに,私たちにとって深海および海底は未知の多い世界である.現在有人の深海探査船は日本の「しんかい 6500」が,秒速 0.7 m で 2 時間かけて,水深 6500 m まで到達している.この「しんかい 6500」が世界で最も深くまで達した深さである.したがって,世界で 6500 m より深い海底は測定や想像はできているが,未知であり神秘的な世界であるといっても良い.水深 6500 m より深い所への潜航を阻止しているのは深海の高い圧力という壁であり,この高圧力の壁は現在の技術では越えられない高い壁である.

　海面は地球表面積の 70.8％(3 億 6106 万 km^2)を占めているが,地球上の水の 97.5％は海水であり,海水は 3.5～3.6％の塩分を含んでいる.海の平均深さ 3795 m であるが,最も深い所はフィリピン沖,マリアナ海溝の 1 万 924 m である.この最深地点は世界最高峰のエベレスト山(チョモランマ)の 8848 m より深い.これだけの広さと深さであるので,海水が海表の水が深層まで循環するのには数百年かかるといわれている.

12.1　海の深さと圧力・温度

　海の深さと海水の温度および圧力の関係は図 12.1 に示すように変化している.深さに関する厳密な定義はないが,一般に海面下 200 m までが表層であり,これより深く,海面下 1000 m までが中深層,それ以下の所を深海と呼び,この最も深い領域の水を海洋深層水または単に深層水と呼んでいる.

　海水の温度は表層では 27～28℃であるが,表層から中深層の範囲で急激に降下し,中深層より深い深層水の領域ではほぼ 1.5℃で一定になる.深海の水圧 P は

$$P = \rho g h \tag{12.1}$$

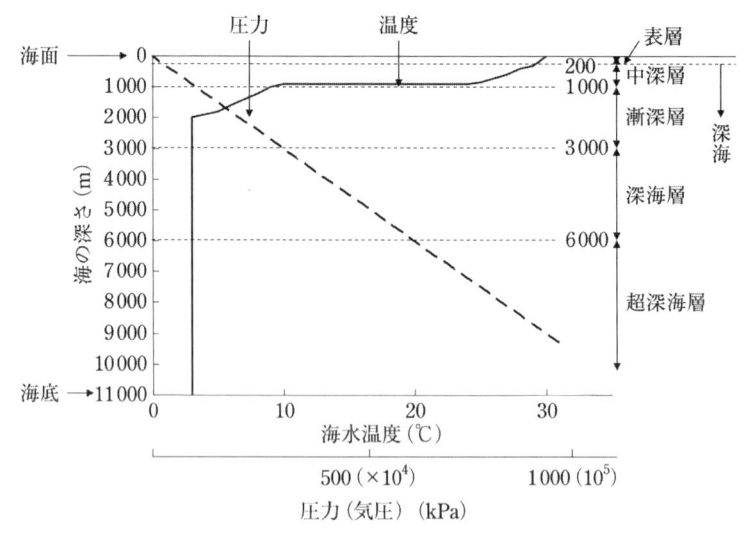

図12.1 海の温度と圧力変化

（ρ：海水の密度，g：重力加速度，h：深さ）
で表わされるので，深さに比例して圧力は高くなる．この式により概算すると，水圧は10m深くなるごとに1気圧(1013hP)ずつ上昇する．したがって海の最も深い所では1924気圧(ほぼ2×10^6hP)の超高気圧に達する．また，太陽光は海水に吸収されて深海には届かないため，200m以下の深海の領域では光合成するのに必要な光が届かず，植物プランクトンは中深層域以下の深海には殆ど存在しない．中深層域以下では表層と違い海水の混合や移動もほとんどなく，表層からの沈殿物が沈殿堆積する．そのため，深層水には天然水に比べて硝酸態窒素(NO_3)が14倍，リン酸態リン(PO_4)が6倍，ケイ素(Si)が6倍，等の無機質の栄養塩類が多く含まれている．また，水の移動が極めて遅いので水質の変化が少ない特徴がある．

このように海は広大であり，未知の部分を含んだ存在ではあり，海は**表12.1**に示すように地球の体積(1兆km^3)からするとたったの0.13％(1300億km^3)に過ぎない存在であるが，地球の表面積(510億ha)では70.8％(361億ha)を占めている．光合成に必要な光は水深数十m程度までしか届かないが，赤い光は青い光より水に吸収されるので，10mより深い所ではすべて青く見える

ようになる．そのためでもあろうか，1961 年に人類で初めて有人宇宙飛行に成功したガガーリン宇宙飛行士に「地球は青かった」と感動的に言わしめたのもこの理由のためである．

12.2 海の恵み

深海は暗黒で温度はほぼ 1.5℃一定であるが，水圧は深さによって海面の 1 気圧から平

表 12.1 地球の面積と体積

面積	510hr	体積	1 兆 (10^{12}) km³
海	70.8%	海	0.13%
森林	7.6%	地下水	0.00233%
農地	3.0%	氷＋雪	0.0024%
牧草地	6.6%	湖沼	0.000019%
砂漠	4.0%	河川水	0.0000002%
その他	8.0%	大気中水	0.000001%
		生物体内	0.0000001%
		地殻	0.6%
		マントル(溶岩)	83.0%
		外核(溶岩)	15.6%
		内核	0.7%

均的な深海の 1000 気圧(10^6hP)位にまで変化するので，深海は人を全く寄せ付けない超高圧力環境の世界である．しかし広大の海は多種多様な資源の供給源として，また同時に不要物の受容機能という二つの機能は無限であるかのように見られている．

深海の水は見方からするとまさしく自然の恵みであり，深層水は安定して供給できる水源でもあるので，いろいろな利用がなされている．利用分野としては飲料水をはじめとして，化粧品，アルコール類，入浴剤，水産加工品等多くの分野がある．深層水は変化の少ない安定した水質であるが，天然水の場合と同様に，取水地によって含有成分が幾分異なるので，飲料水などでは採水地の名称を付けて，「＊＊＊深層水」のように呼称することが多い．現在でも深層水は飲料などとして利用されているが，更に今後深層水に期待されている分野には**表12.2**に示されるように，予想以上に広い分野に可能性がある．

表 12.2 海洋深層水の利用の可能性

水産分野	魚介類の養殖，種苗生産，海藻類の養殖，蓄養鮮度保持
医療・分野	アトピー性皮膚炎治療，入浴剤・化粧品開発，海洋療法(タラソテラピー)，微細藻類培養
農業分野	冷熱，肥料
食料品分野	飲料水，食品
エネルギー分野	冷却・冷房熱源，温度差発電
環境分野	二酸化炭素固定，沿岸生体系制御(磯焼け対策)

第 12 章 海水

　海水そのものの利用に加えて，海が私達に与えてくれている各種の供給源の中で最も重要なものの一つが私達に最も身近な塩であろう．世界で 2.4 億 t 生産されている塩の 65％は岩塩であるが残りの 35％ (0.8 億 t) は海水が供給源となっている．世界の全水量は 138 京 (10^{16}) t であり，全海水中には 3.8 京 t の塩があるので，人類の必要とする食塩は 400 万年は海水から供給できる計算になり，これはほぼ無限に近い年数である．日本では海水から塩を取るには塩田で海水を濃縮し，それを煮詰める方法が多く用いられてきた．しかし，近年はイオン交換膜によってろ過して採取する方法が多く採用されてきている．イオン交換樹脂による海水からの食塩濃縮法は 図 12.2 に示すような構成によって行われる．この構成は陰イオンのみを通す「陰イオン交換膜」と陽イオンのみを通す「陽イオン交換膜」よりなる．この構成により海水に直流電圧を加えることにより，食塩の要素であるナトリウムイオン (Na^+) と塩素イオン (Cl^-) が電気的に各膜方向に移動して海水は 15～20％に濃縮されて排出されるシステムである．濃縮された後の海水を煮詰めて食塩にするプロセスは旧来の塩田の場合と同様である．

　また，海の宝庫として将来的に期待されているのは燃料電池の燃料としての水素，核融合発電の燃料としての重水素が大きなエネルギー資源として将来的

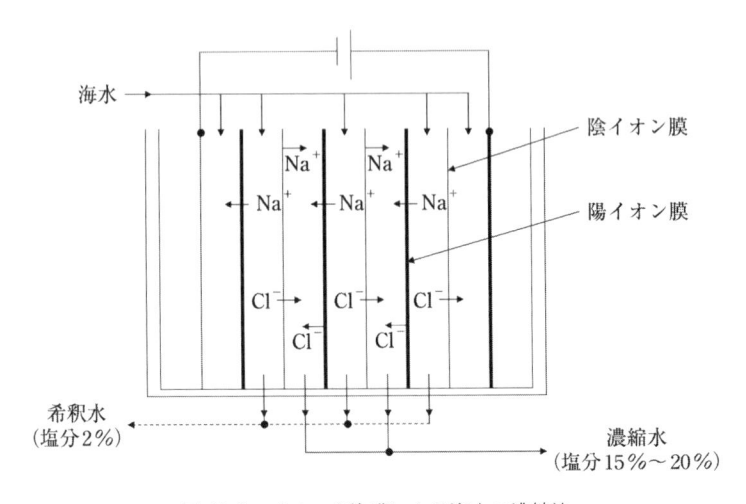

図 12.2　イオン交換膜による海水の濃縮法

には重要な役割が期待されるに違いない．しかし，もう一つ海水の身近な海からの贈物は魚介類であるが，あまりにも周知であるので，これ以上はここでは述べない．

表12.3　海水中の主要塩類の相対的存在割合(%)

塩化ナトリウム（食塩）	NaCl	77.8
塩化マグネシウム	MgCl	10.9
硫酸マグネシウム	$MgSO_4$	4.7
硫酸カルシウム	$CaSO_3$	3.6
硫酸カリウム	$KaSO_3$	2.5
炭酸カルシウム	$CaCO_3$	0.34
臭化マグネシウム	MgBr	0.22

出典：小出力，地球生命を支配する水，裳華房(2002)

　海水中には多くの物質が溶解しているが，その成分は**表12.3**に示すような割合で存在している．これ等の溶解物質が溶解しているため，海水は淡水より比重が大きい．プールより海水の方が体は浮きやすく，泳ぎやすいのはそのためである．人の血液と海水中に含まれている成分は近似しているし，母体で胎児を包んでいる羊水中に含まれている元素成分もその割合も類似している．このような内容をよく吟味して見ると，人の生命のルーツは海にあるともいわれていることも決してでたらめではなさそうである．

　海は生命の起源であると同時に人類にとっても自然環境にとっても大きな役割を果たしている．地球上で昼夜・季節を問わず温度の急変を緩和している役割にも海が大きく寄与している．また今後は潮汐(海水の満ち干)や波を利用した発電も今後広がる可能性もあろう．

　海は広く，深く巨大な容量であるが，汚染が僅かのうちは海の持っている自浄作用によって浄化されていたため，長年にわたり人と海は共存関係が保たれていた．近年の人口増，経済・産業の発展等に伴う大量生産・大量消費の結果，海に排出される汚染物質は量的にも質的にも自然の浄化能力を超えるような状況に至った．この海洋汚染が海全体に広がるには時間がかかる．しかし，汚染が海全体に顕在化したときには既に回復は手遅れとなるであろう．

　海水は蒸発だけを考えると3200年で干上がる計算になるが，蒸発と同量が降水や河川から流入しているので，地球が誕生した35億年前と現在でも海水の量はほとんど同量に保たれている．海は食塩や魚介類の供給源であるばかりでなく，時には飲料水としての利用もあり，多様な資源の供給源である．

12.3 海の汚染

　人口の少ない間は人間の不要なものを受け入れてくれて自然の浄化作用によって処理してくれる役割も果たしてくれていた．40～50年前までは東京のし尿も船に積んで海に放棄しても，当時は規制も無く量がまだ少なかったこともあり，海の魚介類を始め自然が浄化してくれていた．その当時は廃棄されたし尿も自然浄化の許容範囲でもあった．しかし，近年は海水の海水による浄化作用は量的にも，質的にも自然現象による浄化能力をはるかに超えるようになってきた．

　海洋汚染の最たる例は世界中で最も恵みの豊かな海として有名であった，メキシコのカリフォルニア半島に囲まれた「母なる海」と呼ばれて親しまれてきた海であるが，最近はこの海も有機物質で汚染されて危機に直面しているとのことである．

　水中の有機物の影響については10章で述べたが，海の汚染については汚染源の多くが主として河川からの流入によるものが主で，陸上起原が80％を占めており，汚染地域としては沿岸地域で問題となることが多い．海水についてもBOD（Biochemical Oxygen Demand：化学的酸素消費量）またはCOD（Chemical Oxygen Demand：化学的酸素要求量）が用いられる．例えば，牛乳$1l$中の有機物成分を分解するのに必要な酸素の量，すなわちBODは78gに相当するので，牛乳$1l$を水に流すと，魚が住めるBOD濃度（$5\,mg/l$）にするためには浴槽1杯分のきれいな水が必要である．現在は海に流入する汚濁物は工業排水からは少なく，70％は家庭からの排水で，BODに換算すると1人1日75gで，そのうちトイレからが26％で，半分以上が台所からである．

　1950年以降に工場や生活排水による河川の汚染度が高くなり，それが直接海洋汚染にもつながるので，まだ局所的ではあるが，海洋汚染に拡大して問題視されるようになってきた．特に残留性有機汚染物質（POPs，Persistent Organic Pollutants）による汚染の多くは有機塩素系化合物であり，これ等は生態系に蓄積する性質があり，人体や生態系へ深刻な影響を及ぼす．河川水の海への流入は排水処理技術に大きく委ねられる．海洋は深く，容積は非常に大きいので，海水が表面から数千メートルの深層まで一巡するのには数百年を要す

ため，海洋汚染が海洋全体に顕在化するには相当の年数を要する．したがって，海洋汚染が広域に顕在化する前に何としても手を打たねば，顕在化してからでは海洋汚染を人力で修復することは不可能である．

世界全体では海岸地帯と呼ばれる陸地は全陸上面積の7％しかない．しかし，世界人口の40％がこの海岸地帯に住んでいる．日本は陸地面積では世界で60位に過ぎない狭い国であるが，四方を海に囲まれているので，海岸線の長さではロシア，オーストラリアに次いで世界第3位であり，海岸の総延長は3万2472kmに及んでいる．日本は国土面積38万km^2に対して排他的経済水域(EEZ : Exclusive Economic Zone)と称する領有圏である海洋面積も合わせると447万平方キロメートル(km^2)で国土の12倍になる．EEZCは陸地の10倍以上になるので，この意味では日本の海洋面積は世界6位の恵まれた海洋国である．排他的経済水域と呼ばれている所は海岸から最大200海里(370km)の沖合までの範囲であり，国は排他的経済水域までの魚介類や海底資源の採取管理権を持っている．したがって，海洋国日本にとっては海から得ている資源は極めて大きいが，一方では日本は海洋汚染の影響も大きく受ける国であるといえる．

海洋汚染は**表12.4**に示すような原因によるが，その汚染ルートは①陸からによる(河川を通して流入，投棄)，②海底資源，沿岸開発による，③船舶から(事故等による油流出，廃液投棄)，④大気から(大気汚染物質が溶解)および⑤事故などの5ルートである．これ等の原因の中で世界では最も大きい陸からの汚染はまさしく人口増加によ

表12.4 海洋汚染の原因

汚染源	原因・状況
陸	工場・家庭から河川を通して
船舶	運行に伴う油・有害液体・廃物
海底	資源探査や海岸開発
大気	雨で大気汚染物質・溶解
事故	タンカー事故や戦争等の油流出

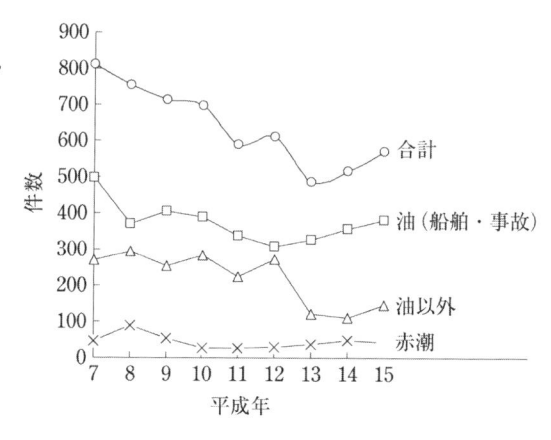

図12.3 海洋汚染の発生確認件数の推移

ってもたらされた要素が大きい．しかし，日本において実際に海洋汚染として，問題となった件数は**図 12.3** に示すように，船舶事故による油の流出件数が多いが，全体的には海洋汚染は減少傾向にある．世界的にも海洋汚染の傾向は油漏れなども含めて日本と同様であり，減少傾向にあり，汚染の 70％はタンカー等からの油の流出によるものである．これ等の船舶からの油の流出の多くは事故による流出である．世界中で平均すると毎年船舶事故により海上に 42 万 kl が流出しているという．この傾向を鑑みると，海上における海洋汚染に対する大きな対策は油の流出対策であり，海洋汚染対策の筆頭は技術的には船舶の事故防止対策であり，もう一つは船員に対する環境意識の高揚が重要な要素であろう．

12.4　海の浄化

　陸から海へ汚染物質の流入は河川からであるが，海洋汚染への影響は沿岸域に限られているといってよい．しかし，海水は非常にゆっくりではあるが移動しているので，その及ぼす影響は大きい．なぜなら，海藻類は一般に大陸棚または表層といわれている，水深 200m よりも浅い海域でも，海藻やプランクトンの光合成が活発に行われている領域は水深数十メートルの海岸近辺の範囲に限られているからである．200m 以深の水を深層水域には汚染物質が達するのはほとんどないので，飲用に利用しているのもこのためである．海藻やプランクトンの生育する範囲は魚の稚魚が成長できる領域でもあるので，海藻にとっても，稚魚にとっても陸から流入する多量の汚染物質の影響は海洋全体の中でも沿岸地帯で最も影響が大きく，これが深刻である．日本では排水に対して，前記したように，水質基準があり，最近のオゾン殺菌や膜ろ過など各種の技術によって汚水処理が行われてはいるが，残念ながら世界には水を処理せずに放流している国や地域が多い．例えば，東アジアでは 10％，南東太平洋で 20％，また中南米で 15％しか排水処理がなされずに海に放流されているのが実態である．条約にはないが，日本でも土砂や無機汚泥，し尿等に関する禁止規定は未だ無く，海洋投棄が行われている所も未だ少しはある．違反してはいないとはいえ，何とかこれ等の未処理投棄行為は自制したいし，規制もしたいものである．この解決は技術的な問題ではなく，モラルの問題でもあるが，将来的な

海洋環境を考えると，投棄禁止規定も必要な事項である．海洋汚染は個々の問題であり，自国の問題である以上に世界の人々が共通で，改善しなければならない問題である．

　海洋汚染の発生件数には表れてはいないし，私達一般の者はほとんど気付かない海洋汚染に関して心配な例を二つ示そう．その一つはバラスト水と呼ばれる水の汚染である．バラスト水は船の積荷の積み下ろしに伴って往復の荷の重さのバランスを保つために積み込む水のことである．荷物を積んでいない帰りに舟は軽くなり浮いてしまうので航行できない．そこで，喫水線(舟の水中部分と水上部分の境界線)を確保するために船内に積み込む水がバラスト水である．輸出用の貨物船は荷物を積んで行くが，帰りには軽くなった船に寄港地で積んだバラスト水を自国に帰って港で排出する．バラスト水中に有毒藻類や有害貝類が含まれていれば，この水が国内に運び込まれることになり，この汚染されたバラスト水が原因で海水汚染が広大し，被害が拡大して，国際問題になったことがある．

　海の果たしてくれている見逃せない役割も多くあるが，それには気づいていないが，知らず知らずのうちに恩恵を受けている現象がある．地球表面の70％を占める広大な海の表面は大気と接触して，その相互作用により地球の気候を調節する役割も果たしている．その一つは，現在世界中で大気中に排出されているCO_2量は年間100億tとされているが，その多くは海面から溶解して，海水中のカルシウム(Ca)と反応して最終的には炭酸カルシウム($CaCO_3$)として溶解処理されている．海水によるCO_2の吸収は莫大な量であり，したがって，海は地球温暖化の抑制にも大きく貢献もしているのである．

　一方，大気中のCO_2が海水に溶け込むことにより，新たに問題となりそうで心配もされている現象がある．それは，海水が酸性化を招くのではないかといわれている点である．CO_2が中へ溶解する場合の反応は次式のような化学式によってである．

$$CO_2 + H_2O \rightarrow 2H^+ + CO_3^{2-}$$

大気中のCO_2の1/3は海水に溶解し，結果として20世紀には酸性を示すpHが0.1減少して，現在の海水はpHが8.1で(pH＞7：アルカリ性，pH＝7.0：中性，pH＜7：酸性)，アルカリ性である．しかし，今後更に大気中の

CO_2 濃度が高くなり，それを海水が吸収し続けるとすれば，21 世紀末には海水の酸性化が促進されて，pH は 7.8 まで下がると予想されている．その結果，CO_2 濃度の増加は大気中の温暖化ばかりでなく，海水の酸性化によって海中のプランクトンなどの生態系にも影響を及ぼすのではないかと心配され始めている．海洋による大気の CO_2 吸収効果は地球温暖化にとって有効なことではあるが，一方吸収による海水の酸性化を考慮すると，排出削減のための技術として各種のエネルギー効率の向上，自然エネルギーの利用等の問題として取り組むことも必要であろう．

海洋汚染ではないが，結果的には海洋汚染に相当する問題も提起されている．それは海洋生態系の崩壊が心配されている原因に，漁業資源の乱獲により生態系を乱している点であり，これも広義の海洋汚染の一つととらえることもできるであろう．1960 年当時に比べ，大規模漁業が進み，特に大型魚類や高級魚の乱獲が進み，海産物は最盛期の 10％に減少している部分もある．その原因は陸上もそうであるが，海洋も動植物性プランクトンを始め，魚介類に至るまで全ての生物は相互に捕食し合っており，生物は相互に食物連鎖で成立している．しかし，海洋全体の生態系は海洋汚染や魚介類などの海産物の乱獲により大きく崩れ始めているのである．将来も魚介類食物の供給源として海洋に期待してきたが，既にこれ等の多くの海産物は自然の海ではなく，養殖や海草の栽培の産業化に移行していることは少し残念なことである．この点では農業分野におけるハウス栽培や水耕栽培も同様である．

こんな漁獲の領域にまで思い致すと，人口の増加の及ぼしている影響は，河川による海水の汚染を超えて，大気汚染や漁獲量の増加を通じて海洋生態系を変えつつある．結果的には海は海だけにとどまらず，巡り巡って環境汚染に密接に結びついている．このような大きなサイクルは当然なことではあるが，あまり日常的には想像もしなかった現象である．ロングレンジに見れば，人口の急増という急激な変化の影響の大きさをいかにしてゆっくりとした環境の変化に抑えることができるかが重要であり，私たちの心がけこそが環境改善に資する大きな役割であろう．

いくら河川や海洋水が汚染されていても，世界には 12 億もの水不足で苦しんでいる人達がいる現状を考えると，これ等の人達や緊急時の備えとしても，

海水の浄化・淡水化技術も役立てる必要がある．従来は緊急時の飲料水を確保するために，海水も蒸発法よって使用もしていたが，近年は膜の技術，特に逆浸透(RO)膜によるろ過法により海水の淡水化もできるようになり，緊急時などの飲料水の確保にはRO膜がよく使用されるようになっている．

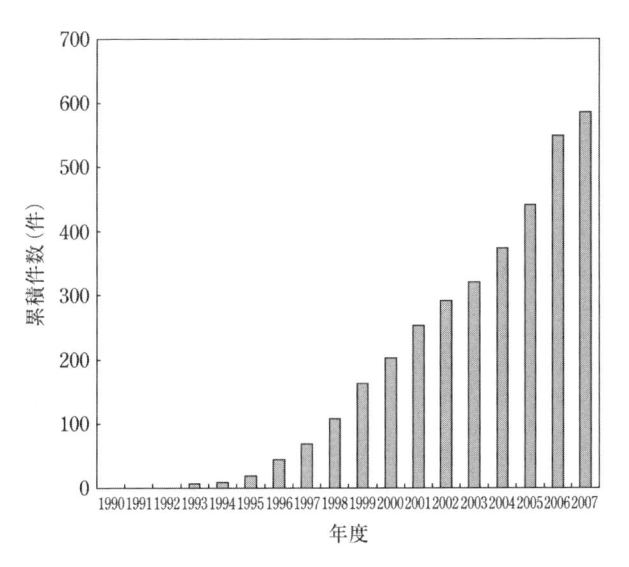

図12.4　水道用膜ろ過浄水施設の導入状況

現実に海の水全体の汚染浄化や淡水化はできないが，海水をはじめ各種の水処理分野で膜技術などの向上により，膜浄化は図12.4に示すように近年着実に増加してきている．現在でも深層水は飲料などとして利用されているが，深層水に対する期待は高く，今後予想以上に広い分野に利用される可能性がある．

水処理用の膜は分離対象物質の大きさにより大孔径ろ過(LP)膜，精密ろ過(MF)膜から逆浸透(BWRO)膜，海水淡水化逆浸透(SWRO)膜まで，図7.7に示したような，何種類もの膜があり，膜口径によりイオン的な微小な物質まで除去することができる．それぞれの主な除去対象物質は，LP膜では病原性原虫，MF膜・UF膜では濁度成分や細菌類，NF膜では硬度成分や臭気物質などの低分子量有機物，BWRO膜・SWRO膜では塩分などのイオン成分である．日本の膜技術は世界的にも信頼性が高く，水処理用の膜の輸出量は図12.5に示すように年々増加しているのが，それらを裏づけている．

水質的な汚染ではないが，海でも沿岸地帯では土砂が多量に堆積して海運や漁業等に対していろいろな問題になっている．これ等の土砂を取り除くために浚渫(しゅんせつ)と呼ばれる作業とも技術ともいえる方法を使って土砂を取り

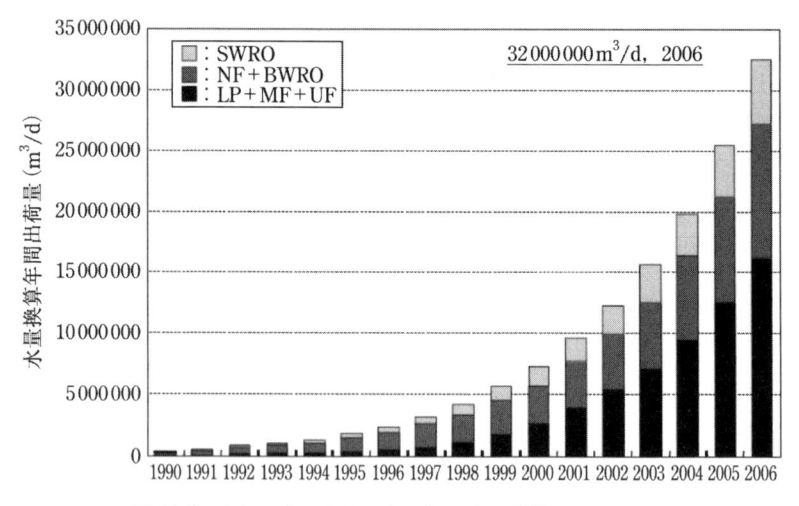

図 12.5 水処理膜の世界累積出荷量（水量換算／累積ベース）

除いている．浚渫とは強力なポンプの先に GPS の付いたホースの先端から砂質を撹拌しながら土砂を吸い上げ，土砂を陸上まで圧送するシステムである．このシステムは河川や湖沼の土砂の除去にも多く使用されており，海中で活動する場合には，ロボット操作もできるようにもなっている．

　海の汚染は沿岸に多くの原因はあるが，その汚染も浄化も一国の問題ではない．環境に関する事項は全てそうであるが，国際的な取り組みと協調が必要な問題である．海洋の汚染防止対策としては MARPOL 73/78 条約が採択されている．この条約の中では石油等の海上輸送について規制している．この規制の中には船舶の構造，設備等についての規制およびその検査も導入されているので，この規制はそれなりの成果を挙げている．

103

第 13 章　工業用水

地球上に存在する全水量は $13.8 \times 10^8 \mathrm{km}^3 (13.8 \times 10^{17} \mathrm{m}^3)$ であるが，その 97.6％は海水であり，氷雪，河川，地下水を含めても淡水は全水量の 2.4％ $(4.1 \times 10^{15} \mathrm{m}^3)$ に過ぎない．日本の全水使用量のうち，工業用水として使用されている水の量は図 3.3 に示したように，全体の 16％ $(2.2 \times 10^{17} \mathrm{m}^3)$ であり，生活用水にも匹敵する多量の水である．工業用水は製造業等の生産活動に供給される水で，原料用，製造や洗浄，ボイラや冷却用等に使われていて，わが国の産業の血液として技術立国日本の産業活動を支え，その発展に重要な役割を果たしてきたといっても良い．しかし，日本の工業技術の発展期の 1975 年頃までは工業用水の利用は 1965～1975 年の 10 年間は 1800→3450 億 m³/年で年々増加しほぼ 2 倍になったが，それ以降 2010 年までに 4500→5200 億 m³/年，程度で，あまり増加していない．経済発展しているにもかかわらず，工業用水の増加が大きくない原因は工業用水としては回収再利用が多くなったことによるものであり，水の有効利用が活発に行われるようになったことの表れである．工業用水の利用されている業種別にその中身を見れば，図 13.1 に示すように広範囲の業種分野にわたって利用されている．

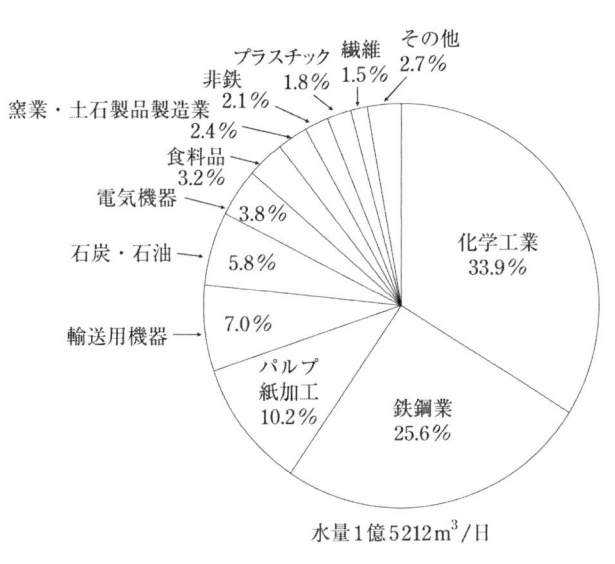

図 13.1　業種別工業用水使用量

水量1億5212m³/日

化学工業 33.9％
鉄鋼業 25.6％
パルプ紙加工 10.2％
輸送用機器 7.0％
石炭・石油 5.8％
電気機器 3.8％
食料品 3.2％
窯業・土石製品製造業 2.4％
非鉄 2.1％
プラスチック 1.8％
繊維 1.5％
その他 2.7％

13.1 一般工業用水

　工業用水でも多量に使われている化学工業や鉄鋼業等の業種の水はあまり高純度の水質は要求されてはいない．工業用水を業種別ではなく，用途別に詳細に見ると①ボイラ用②プロセス用③原料用④冷却用⑤洗浄用⑥雑用水⑦消火水等々である．これらの用途には飲料水ほど高い規準の水質が必要ではなく，中水の範囲で十分な場合が多い．しかし，これ等の用途と違い原子力発電，写真工業，合成繊維工業などの分野では清浄な水への要求は高い．更に図 13.1 に表示できる程に使用水量は多くないが，最近では IC 等の半導体産業やファインケミカルズ(医薬品)産業等の最先端産業技術分野への利用がある．これらの先端技術の分野では従来に比べて格段に高純度の水が要求されるようになり，超純水と呼ばれる水が多く利用されるようになってきた．したがって，工業用水も使用量の多いボイラ用の水から最先端分野の水に至るまでは用途によって必要な水量と要求される水の純度は大きく異なる．

　工業用水・生活用水の使用量が工業生産に如何に大きく寄与しているかは図 13.2 に示す世界の GDP との関係から見ても明らかである．それは 1 人当たりの水の使用量の多い国ほど GDP が大きいことを明瞭に表わしている．なかでも世界の中で日本は水の使用量に対する GDP の割合は高いが，全使用水量に対する工業用水の割合は多くない．しかし，日本においても工業製品の生産量と水の使用量との関係は図 13.3 で明らかなように，工業製品の出荷量の増加

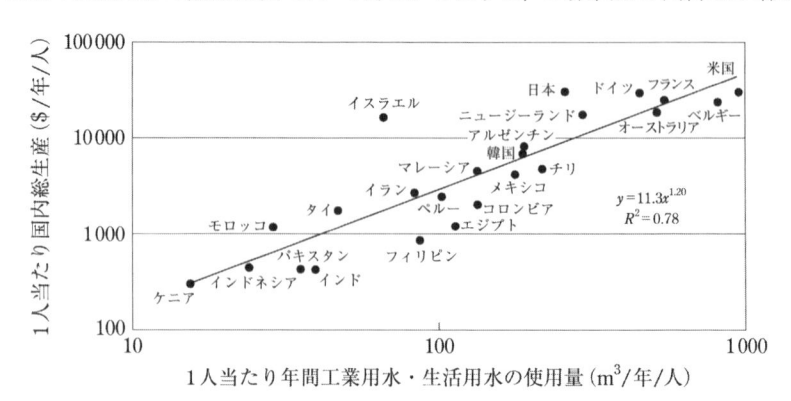

図 13.2　1 人当たりの国内総生産と水使用量との関係

につれて確実に工業用水の使用量は増加している．この曲線が放物線的に右上がりである傾向から，水は比較的再利用，または有効利用されてきていることが分かる．この傾向は工業製品も農産物と同様に，一種の水産物であるとする見方もできる程である．工業用水として利用するために水の純度があまり問題にならない場合には原水や水道水な

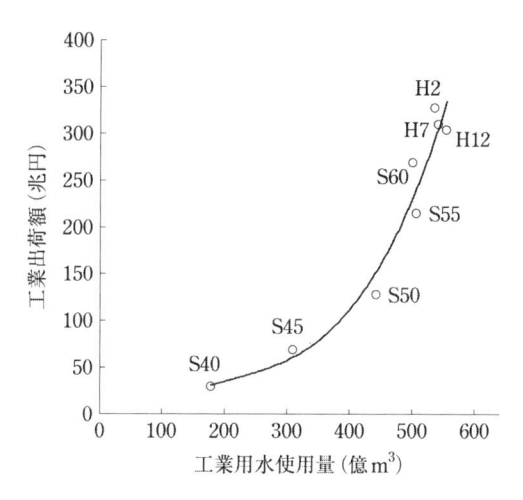

図 13.3 日本の工業出荷額と工業用水使用量

どを使用することができる．飲料水の場合には天然水のようにミネラル成分などがわずかに含まれている方が適しているが，工業用水の場合にはそのような含有成分に対する条件は全くないので，一般の工業用水ではミネラル成分の多少を問題にする事はない．

工業用水は生産活動に直接使用される水もあるが，用途的にはボイラや冷却水として使用される水で，その純度を問題にしない場合が多く，次に述べる純水や飲料水とは水質基準は緩く，**表 13.1** に示すように厳しい基準となってはいない．

13.2 超純水

工業用水の中でも図 13.1 に示されているように，非鉄金属に分類されている水の使用量はわずか2％程度の水量である．しかし，このわずかな水が最先端の技術分野では極めて重要な水である．それは IC や LSI などの半導体素子，更には液晶ディスプレイなどの精密電子素子の製造プロセスにおいて，これ等の素子の洗浄やエッチング用等には欠かせないのはきれいな水である．これらの精密電子産業分野で使われていた水も初期段階ではイオン交換樹脂を通過させることによって電解質成分や微粒子を除去した，いわゆる純水を使用するこ

表 13.1　工業用水水質基準

項目	単位	工業用水供給水質			
		標準水質[*1]	経産省(90％値)[*2]	ボイラ用水[*3]	冷却用水[*3]
水温	℃		15～25		
塩化物イオン	mg/l	<80	<40	10	15
電気伝導率	mS/m				150
pH	—	6.5～8.0	6.7～7.9	7	7.5
M-アルカリ度	mg/l	<75	<70		50
全蒸発残留物	mg/l	<250	<220	100	
全硬度	mg/l	<120	<90	50	50
濁度	度	<20	<10	5	10
鉄	mg/l	<0.4			0.5
マンガン	mg/l	<0.2			
COD	mg/l			2.0	2.0
BOD	mg/l				1.0

出典：平成16年度「工業用水の水質把握等調査報告書」(経済産業省)
*1：工業用水道供給水質標準値(日本工業用水協会制定)
*2：90％程度の事務所が満足すると考えられる水質範囲
*3：工業用水用途別に見た場合の要望水質

とが多かった．しかし，半導体素子は更に高密度化，高集積度化が一段と進められたため，それに応えるため，化学薬品としての洗浄剤であるトリクロロエチレンやトリクロロエタン等の化学洗浄剤を使って洗浄が行われるようになった．しかし，これらの化学洗浄剤は健康に悪影響を及ぼすことが判明したことにより，環境汚染物質に位置付けられ，これ等の化学洗浄剤は使用禁止となった．

このような経過を経て，半導体を清浄化するプロセスには再び水による洗浄が行われるようになったが，洗浄水には更なる高純度化が要求されるようになった．それは，半導体素子用のウエハもトランジスタから LSI，さらに超 LSI へと集積度が増し，素子や回路パターンが格段に微細化してきたためである．必然的に洗浄水中の微小な，また微量の不純物が半導体素子の安定性や歩留まりに対する影響が格段に増大したためであり，純水から超純水とへと高純度化が進められたのである．

少し専門的になるが，シリコンから LSI を作る場合に使われる超純水は **図 13.4** に示すように，12.5mmφのシリコンウエハ1個当たり 1.2m³ 使うが，この LSI の製造プロセスでは①⑤⑥⑦の各ステップでウエハの表面洗浄に5回

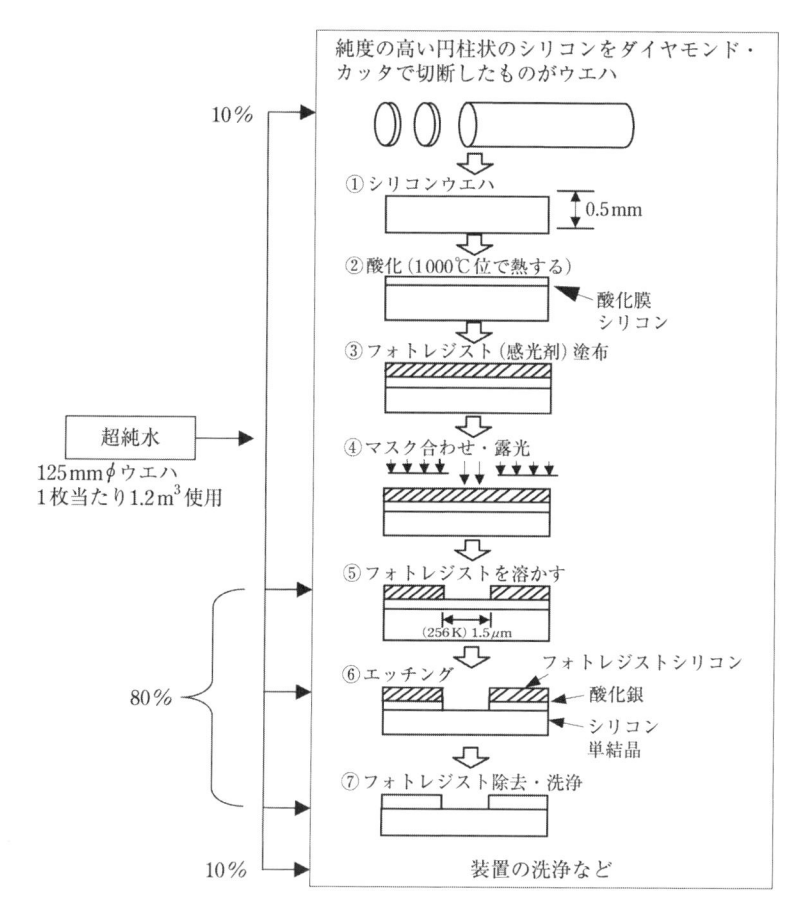

```
                       純度の高い円柱状のシリコンをダイヤモンド・
                       カッタで切断したものがウエハ
         10%              ◯ ◯ ▭
      ┌────────────→   ①シリコンウエハ
      │                   ▭  0.5mm
      │                   ⇩
      │                ②酸化（1000℃位で熱する）
      │                   ▭ ◀─ 酸化膜
      │                          シリコン
      │                   ⇩
      │                ③フォトレジスト（感光剤）塗布
      │                   ▨▨▨
 ┌─────────┐             ⇩
 │ 超純水  │──────→   ④マスク合わせ・露光
 └─────────┘             ▼▼▼▼ ▼ ▼▼▼▼
 125mmφウエハ             ▨▨ ▨▨
 1枚当たり1.2m³使用        ⇩
                       ⑤フォトレジストを溶かす
                          ▨    ▨
                          ←→
      ┌────────────→     (256K) 1.5μm
      │                   ⇩
      │                ⑥エッチング    フォトレジストシリコン
   80%┤               ▨     ▨ ◀─ 酸化銀
      │                          ◀─ シリコン
      │                             単結晶
      │                   ⇩
      └────────────→   ⑦フォトレジスト除去・洗浄
                          ▭   ▭
         10%              ⇩
      ────────────→    装置の洗浄など
```

図 13.4 LSI の作り方と超純水使用量

も超純水が使用される．集積度が高くなると超純水中に微粒子，微生物，有機物等の不純物が存在すると回路パターンが短絡して不良品が多く出ることになり，LSI や DRAM などの製品の信頼を失墜することになる．LSI 等の内部配線のショート（短絡）を避けるためには最低でもウエハ上の配線太さの 1/5～1/10 の大きさが許容できる不純物としての最大粒径範囲である．実際に D-RAM 等の集積度は**図 13.5** に示すように，年々増し，それに伴って目盛寸法も小さくなっている．したがって，その製造のために必要な水に要求される水質は**表 13.2** に示されるように，種々の不純物成分は年々厳しさを増している．

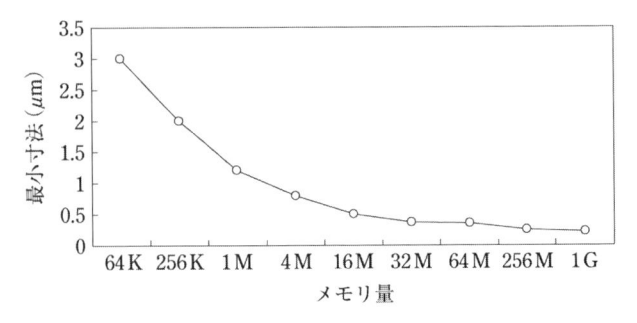

図 13.5　DRAM のメモリ容量と最小寸法

表 13.2　DRAM の集積度と要求される水質

項目	単位	2003 年	2004 年	2005 年	2006 年	2007 年	2008 年
DRAM1/2Pitch	nm	100	90	80	70	65	57
TOC(有機物)	ppb	<1	<1	<1	<1	<1	<1
バクテリア	CFU/L	<1	<1	<1	<1	<1	<1
粒子径	nm	50	45	40	35	33	29
粒子個数	個/ml	<0.2	<0.2	<0.2	<0.2	<0.2	<0.2
全シリカ	ppb	1	1	0.75	0.75	0.5	0.5
イオン状シリカ	ppb	0.5	0.5	0.5	0.5	0.5	0.5
主なイオン	ppt	50	50	50	50	50	50
主な金属	ppt	1	1	1	<0.5	<0.5	<0.5
ボロン	ppt	50	50	50	50	50	50
抵抗率	MΩ·cm	18.2	18.2	18.2	18.2	18.2	18.2
溶存酸素	ppb, %value	3±20%	3±20%	3±20%	3±20%	3±20%	3±20%
水温安定性	℃	±1	±1	±1	±1	±1	±1

中でも IC や LSI 等の素子では電気の流れを支配する金属等の導電性不純物の存在は厳しく，表中の濃度単位も他の成分と違い ppt (parts per trillion : 1 兆分の 1 : $1/10^{11}$: 水分子 10^{11} 個に対して不純物 1 個) レベルが要求されている．現実に sub-ppt ($1/10^{10}$) と呼ばれる ppt より 1 桁低いレベルの純度の超純水の洗浄では，LSI 素子の歩留まりや信頼性が ppt レベルの超純水の場合より相当に損なわれることになるという．

このように，水の純度の評価は水の中に含まれる不純物の濃度によって示めされることになるが，そのグレードの評価には電気抵抗率(MΩ·cm)や電気伝導率(μS·cm)，有機物量(TOC：μg/l)，微粒子数(個/l)や生菌数(個/l)などで行っている．超純水のグレードとして不純物濃度を表わす単位としての抵抗率，

表 13.3 水の純度とその利用分野

水の呼称	抵抗率 (MΩ·cm)	伝導率 (μS·cm)	用途
理論純水	18.24	0.05479	
超純水	16.67 以上	0.06 以下	半導体・医薬品, 原子炉冷却水
純水	1.0 以上	1.0 以下	理化学反応, 化学製品製造
蒸留水	0.1〜1	10〜1	飲料の原料
水道水	0.005〜0.01	200〜100	料理・洗濯, 入浴
河川・湖沼	0.002〜0.02	500〜50	冷却水, 工業用, 水道水源
おいしい水	0.0015〜0.0025	700〜400	飲料

伝導率と水の利用分野を 表 13.3 に示す.表に示した電気抵抗の測定は水中を流れる電流によって測定するが,抵抗率は低い方が導電性の不純物が多く,高い方が不純物は少ないことを示す.表中には伝導率と抵抗率を示したが,[抵抗率]＝1/[伝導率]の関係で示され,相互に逆数の関係にある.表中には理論純水が $0.054(\mu S \cdot cm)$ となっているが,この数値は水中に全く伝導性の不純物が溶解していなくても水は極めて微量の電気が流れることを示している.その理由は全く不純物を含んでいない純粋な水も,水分子である H_2O はわずかに H^+ と OH^- にイオン化しているので,これ等が電流として流れるためである.

したがって,理論超純水中でも,H^+ と OH^- がわずかに存在するため,極く微量の電流は流れるが,これ等は不純物ではないので正負のイオンは同数であり,水は中性(pH＝7)である.超純水に対して水道水やおいしい水と呼ばれている水には桁違いに多量の不純物が含まれているのには驚かされる.超純水はミネラルも含まれていないので,おいしくもないし,歯にも良くない水である.

また,一般的に水の純度を示す水の抵抗率は表 13.3 に示される程度であるが,各種の水の中で最も純度の高い純度が要求される,いわゆる超純水では理論純水に近い $18 M\Omega \cdot cm$ 以上(電気伝導度では $0.05\mu S/cm$ 以下)が要求されている.電気伝導度で示す不純物の量をもう少し簡単に重量で示すと,50m プールに水を満たした場合で示すと,水道水では 140kg(140 *l* : ドラム缶 1 杯)であるが,超純水では 25mg が混入している状態に相当するほどの大差である.

このように,最先端の設備によって製造された超純水の純度としては 0.01 $\mu g/l$(1 *l* 中に 1 億分の 1g)程度の水準に相当するが,超 LSI 等の半導体用には電気伝導度で示せば $0.01\mu S/cm$ 未満の純度の超純水が要求される.超純水と

表13.4 超純水の主な測定装置

分析項目	装置名
金属, ボロン	ICP-MS
全シリカ	原子吸光
各イオン	イオンクロマトグラフィ
イオン状シリカ	電子顕微鏡
微粒子	レーザパーティクルカウンタ
TOC	TOC計
電気伝導度	抵抗率計
H_2O_2	過酸化物計

いわれる水中の微量で微小な物質の存在や，その材質を測定することは極めて高い精度の分析法や検出感度が必要となる．実際に不純物として問題となる物質に対しては **表 13.4** に示すような高精度の分析装置があってこそ可能となるのである．超純水とされている水の抵抗率，伝導率は表 13.3 に示したが，超純水としてのこれ等以外の各不純物の範囲は有機物（TOC）$0.05\,\mathrm{mg}/l$（ppm：$1/10^4\%$：$1/10^6$ 個），シリカおよび全蒸発残渣成分 $1\,\mu\mathrm{g}/l$（ppb：$1/10^7\%$：$1/10^9$ 個），微粒子 $1\sim2$ 個$/l$（$0.07\,\mu\mathrm{m}$ 以上の微粒子数），溶存酸素 $3\sim5\,\mu\mathrm{g}/l$ 等が超純水としての一つの目安である．これ等の各成分の測定法等についての詳細は，これ以上は立ち入らないが，ここに示さした不純物濃度は現在の測定装置の測定精度の限界に近い値であるともいえる．

また水中に存在する微粒子としての不純物は水中にレーザ光を照射して反射する光の反射光の強度と発光数から微粒子の粒径と濃度を測定することができるが，この方法は大気中の微小粒子の測定と同様である．実際に IC や LSI の集積度が高密度化して，ギガ（10^9）レベルのメモリ素子を作る場合，洗浄用の水の純度は $1\,l$ 当たり 1 個以下という超高純度の水が要求される．生菌数の測定は水中で菌を培養する方法でも可能ではあるが，これも微粒子と同様にレーザ光の反射法によって測定することが多い．

水を超純水と呼ばれる極限状態にまで高純度に浄化するには **図 13.6** に示すように，一次純水プロセスでは基本的には加熱後に逆浸透（RO）膜を通過させた後，脱酸素工程により溶存酸素を $0.1\,\mathrm{mg}/l$ 以下にまで低下させる．

ここで溶存酸素を低下させるのは単に不純物としての酸素の除去と，水中での生菌の増殖を抑制するためでもある．

次いで更に超純水プロセスではオゾン処理をはじめ，3 ステップの逆浸透膜等のろ過プロセスによって超純水が作られている．この最先端の水の浄化プロセスを二重に行い，それに脱気処理も加えたシステムが最近の超純水製造プロ

13.2 超純水　111

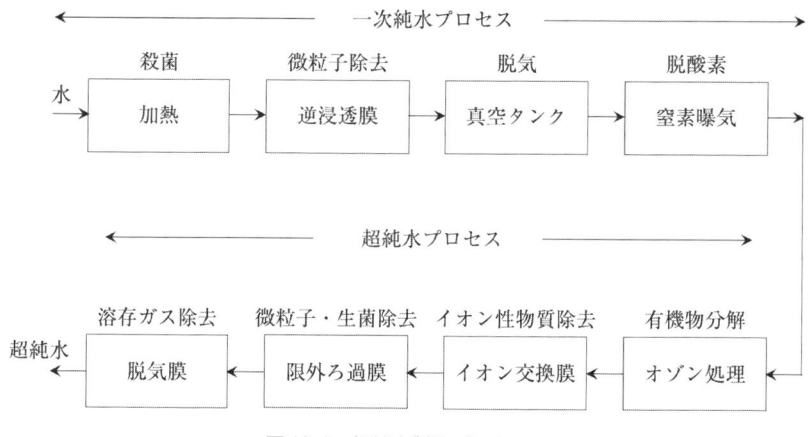

```
          ←――――――― 一次純水プロセス ―――――――→
             殺菌        微粒子除去      脱気        脱酸素
  水 → [ 加熱 ] → [ 逆浸透膜 ] → [ 真空タンク ] → [ 窒素曝気 ] ─┐
                                                              │
          ←――――――― 超純水プロセス ―――――――→                   │
          溶存ガス除去  微粒子・生菌除去 イオン性物質除去  有機物分解 │
超純水 ← [ 脱気膜 ] ← [ 限外ろ過膜 ] ← [ イオン交換膜 ] ← [ オゾン処理 ] ←┘
```

図 13.6　超純水製造プロセス

セスである．純水製造システムにおいてはその接液部分には多くの場合にはプラスチック材料が使用されている．故なら，超純水は物質の溶解力が強く，金属類からは不純物が溶け出して超純水の質を低下させるからである．この点ではステンレスでもプラスチックにはかなわないのである．

　超純水は超微細加工を要する半導体製造分野では欠かせない洗浄剤であるが，もう一つのあまり一般には知られていないが，注射液や医療等に使われる医薬品として使用している水である．血液などに直接かかわる注射液や薬に不純物が含まれていては困るのはいうまでもなく，これ等使用する水に超純水は絶対に欠かせない必需品であるのは当然である．また最近注目されているバイオの分野で使用されている水も当然のことであるが超純水が必需品である．

　更にもう一つ超純水が役立っている分野は，原子力発電用の冷却水(軽水炉の冷却材)である．もし原子炉用冷却水の中に鉄，コバルト，ホウ素，カドミウム等の金属成分が混入していると，これ等の金属は放射化されて排出される危険性をはらんでいるからである．したがって，原子力発電所の冷却水にはこれらの不純物は ppb ($1/10^7$ %：$1/10^9$ 個)または ppt ($1/10^{10}$ %：$1/10^{12}$ 個)レベルまでの超純水を使用することが至上命令となっている．更にもう一つ付け加えるなら，最近の高度化されたバイオの分野でも超純水が必須の要素になってきている．超純水のような工業用水の使用量は他の分野の水に比べて量的には決して多くはない．しかし，日本のハイテク産業の柱である超 LSI やファイン

ケミカルズ産業の分野の今後の発展を考えれば，超純水の重要性は更に高まる筈である．

　このように，工業用水であっても，超純水を必要とする分野もあるが，水の純度は大きな問題とされない場合には河川水をそのままや水道水を使用することも多く，工業用水として利用されている水質の純度の幅は非常に広い範囲である．

第 14 章　水を育む森林

　地球の面積の 70％は水面であるので 30％が陸地（4000 万 km^2）である．さらに図 14.1 に示すように世界の陸地の 30％が森林なのである．これに対し，日本は全陸地 36.45 km^2 のうち 68.5％（25 万 km^2）が森林である（表 14.1）．日本は国土が狭いので森林面積はあまり広くはないが，世界の中では森林の面積比率は高い国である．このように，日本は世界でも極めて豊富な森林に囲まれた環境の国であるといってよい．自然環境の中で空気や水等の基本的な環境に貢献しているのが森林であり，環境の救い主的な役割を果たしているといえるであろう．地球だけに水があり，森林があり，したがって太陽系の中で地球だけが太陽の光を生物的に蓄えている星である．この太陽が森林や植物の同化作用

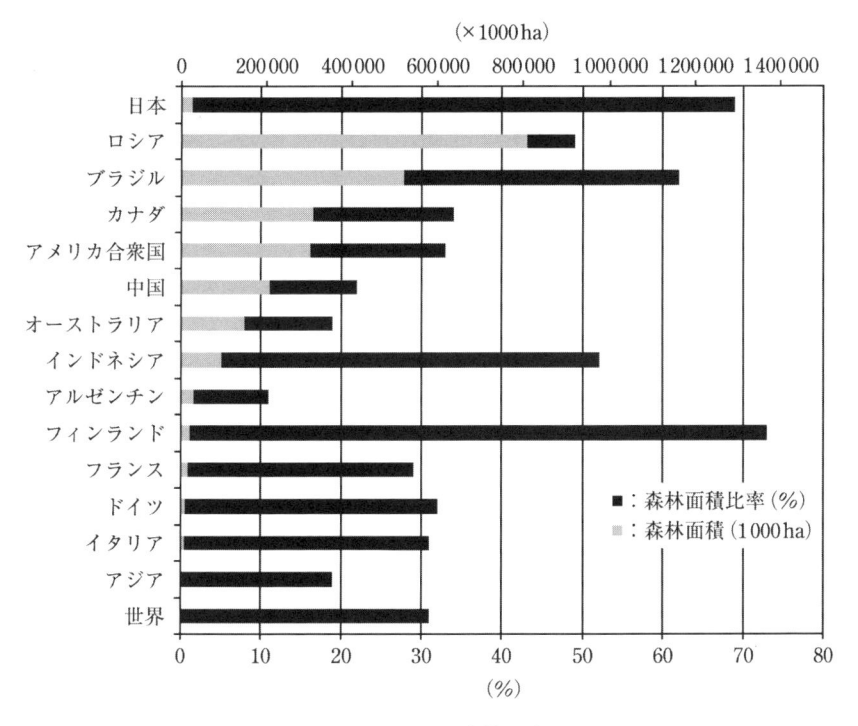

図 14.1　世界の森林面積

第14章 水を育む森林

表 14.1 国土利用の状況

	面積 (万 ha)	構成比 (%)
農用地	513	13.6
農地	504	13.3
採草放牧地	9	0.2
森林	2514	66.5
原野	26	0.7
水面・河川・水路	132	3.5
道路	121	3.2
宅地	170	4.5
住宅地	102	2.7
工業用地	17	0.5
その他	51	1.4
その他	303	8.0
計	3778	100.0

出典：高橋裕・河田恵昭編，水循環と流域環境，岩波書店(1998)

を通して果たして得ているエネルギーの効率は 0.1 % 程度である．このエネルギー効率は低いが，その数と面積が広大であるので効果は絶大である．森林の自然環境に対して果たしている役割は広範囲にわたっていて，①大気浄化，②水源の涵養，③土砂災害予防，④土壌保全，⑤生物多様性保全，⑥木材などの供給源，等測り知れない広範囲にわたっている．京都議定書で日本が約束した CO_2 削減目標の 6 % を達成するための役割分担も，森林面積から試算すると 6 % の中の 3.9 % 分は森林による CO_2 吸収によって賄えるとの試算もされている．しかし，専門家の間には実際には 3.9 % には達成できず，3.2 % に止まるだろうとも言われている．それは山の樹木が元気よく育っていれば可能であろうが，そうでないのが原因のようである．

日本は 100 年ほど前には乱伐されて森林は国土面積の 50 % 位まで減少し，各地で洪水や山地災害等の発生することが多かった．その後，治山治水を進めてきた結果，ここ 50 年で 2.5 倍になり，現在では森林は国土の 70 % にまで回復している．その意味で現在日本は森林に恵まれた国ではあるが，日本の木材価格が高いため，外材の輸入が増加し，現在は外材の使用は 55 % を超え，世界の木材輸入量の 1/4 は日本になっている．そのため，世界で多量に材木の存在する熱帯雨林の減少は 図 14.2 に示すように顕著になっているが，南アメリカや東南アジアやアフリカ中部などの熱帯雨林は CO_2 を吸収もしている．また，地球全体の酸素の 40 % を供給しているのも森林であり，いかに大切な森林であるかが分かる．したがって，地球上の生物の生命維持を考えると，どうあっても，地球の肺ともいえる熱帯雨林という酸素の供給源である肺を弱らせたり失うことになってはならない．世界の森林は産業革命以前より 17 % 減少し，これは 2000 年から 2005 年までにかけて年間 3 万 3000 km^2 の面積の森林

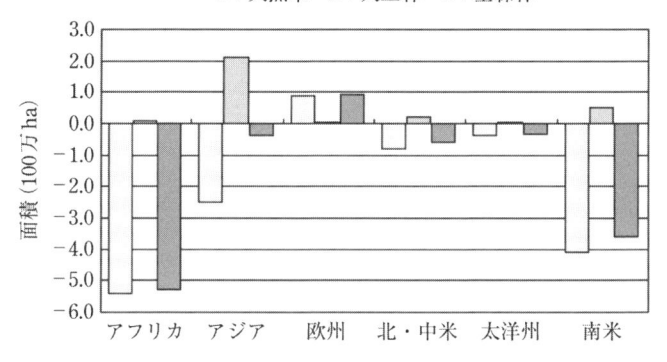

図14.2 森林の地域別年間純変化(1990〜2000年)

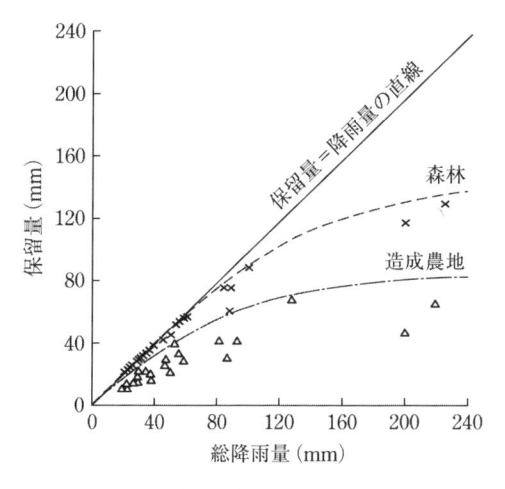

図14.3 森林と農地の保留量の比較

減少に相当し，この面積は日本の総面積の20％に当たる広さであって，自然環境の保全にとっても大きな問題でもある．森林減少が水環境に与える影響も計り知れないものがあり，特に日本は恵まれた森林国ではあるが，国土が狭く，高低差が大きいため，水の滞陸上時間が短いため，森林の保水に対して果たす役割は高い．したがって，水の保留対策の一つが森林の養成でもある．水の保留量は図14.3に示したように，農地より森林の方が多くあり，この点では森林の高い有効性がわかる．森林において木の葉，落ち葉や木根等により構成されている地面は単に造成された地面より水の保留量は高く，森林地帯は「緑のダム」とも呼ばれるほどである．

前記したように，日本の国土の2/3を占めている森林は完全な自然林ではなく，その40％はスギ，ヒノキ，カラマツ等の人工林であり，先人が苦労して植林したものである．しかし，近年は安価な輸入材木により林業は衰退し，森林への手入れがあまりなされずに過ごしてきた．そのため，CO_2の吸収も減少

し，森林の温暖化への貢献度も弱くなってきている．日本は地形的にも世界でも有数のモンスーンといわれる多雨地帯にあるが，国土が狭いこと・森林が疲弊していること・落葉樹も少ないこと等が重なり，結果的に森林本来の保水力も弱く，雨水は短時間で流れ去ってしまっている．森林の乱伐は数十年以上経ってこのような後遺症となって現れている．このような人為的に引き起こされた現象に対しては大気環境としても，また水源の涵養のためにも，将来的にはこのまま放置しておけない問題である．

　また治山治水のためには植林や間伐などの山林の管理は重要であり，必要なことである．しかし，安心できる真の天然水の供給源は管理された山林からではなく，その奥に位置している天然の林であることも忘れてはいけない．この意味では原生自然環境保全域や自然環境保全地域として指定された所は荒らされないように残していきたいものである．

　アマゾン上流域の大森林は相当に減少してきているが，森林は「地球の太陽」とも呼ばれている程恩恵を受けている．東南アジアにおける乱伐と焼き畑農業等による広大な森林の減少は想像を超えた広大な面積になる．年間世界中では日本の国土の約半分の面積に相当する森林がなくなっているのが現状である．森林は水の保水・貯水機能として役立っているのみならず，地球温暖化ガス CO_2 の吸収にも主役として貢献してくれている．さらに付け加えるなら，森林の育成は真の自然環境の保全と回復に関わる最も根本的な自然環境への対応なのである．森林を大切にし，育むことは自然と共生することであり，この心は今私たちに最も求められている姿勢であろう．

第15章　水の活性化：マイクロバブル

　水は汚染したら浄化技術によってして清浄化することはいろいろな方法によって行うことができる．さらに水の機能を高めるための技術が最近開発されつつあり，それも少しずつ実用化に移され，その有効性が実証されつつあるものも出始めている．その代表的な技術の一つがマイクロバブル水と呼ばれる水であるので，ここで取り上げることにした．

　水中の空気バブルとして私達の身近にあるのは金魚の飼育用水槽に使用されているバブラー，公衆浴場の湯船で空気の泡がブクブクと浮き上がって水面ではじけている泡等がある．前者の飼育水槽は水中に酸素を供給する役割であり，後者の湯船の場合はこれに更にリラクゼーション効果も加えた役割であろう．しかし，ここではこれ等の水中の気泡の粒径は mm オーダーであるが，これを更に超えた微小なマイクロバブル(直径 50μm 以下)やナノバブル(直径 1μm 以下)と呼ばれている微小なバブルを水中に生成させたバブル水を作る技術であるが，先ず，水中における異物質の挙動について見てみよう．マイクロバブルの水中における浮き沈みの動きについては一般的に適用されるストークスの式があるので，先ずこの式から簡単に説明して置くことにする．

　ストークスの式とは，流体の粘度 η (g/cm・s，または Pa・s)，流体の密度 ρ_f (kg/m^3)の液体(ここでは水)の中を粒子径 r (密度 ρ_ρ kg/m^3)の微粒子(微粒子は固体でも良いが，ここでは気泡)が流体中を「浮き」「沈み」の移動をする速度 V_s (cm/s)は次のように示される，としたものである．

$$V_s = r^2 g(\rho_\rho - \rho_f)/18\eta \tag{15.1}$$

ここで，g は重力加速度(cm/s^2)である．この式は粒子が完全に球形で，水が静止しているものとしたものである．この式の意味は $\rho_\rho > \rho_f$ であれば液体中で粒子は沈み(水中で鉄は沈む)，$\rho_\rho > \rho_f$ なら微粒子は上方に浮き上がる(水中で気泡は浮く)ことを意味している．ストークスの式は微粒子の上向きの浮力と下向きの重力との釣合いを示したものである．また，微粒子の沈降速度は粒径が大きく，重いほど早く沈み，微粒子の浮揚速度は粒径が小さく軽いほど遅くなることを意味している．

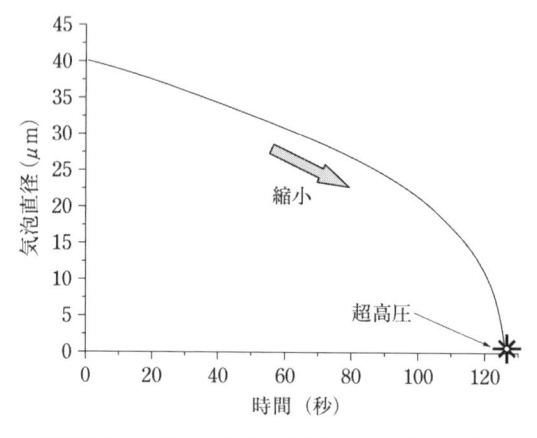

図 15.1 マイクロバブルの消滅と内部圧力の上昇

ストークスの式からも分かるように，一般に水中にある気泡は気泡の大きさとその気泡が消滅するまでの時間は **図 15.1** に示されるように，気泡の径が大きいほど早く浮き上がり，小さいほど長時間水中に浮遊して留まっていることを示している．水中における気泡の移動については私達が風呂や金魚の飼育槽で日頃見ているように，水中を上方に向かって上昇し，水面で破裂してしまう．気泡の粒径が大きいほど早く浮上して水面ではじける．一方，私達の目には良く見えないが，気泡の径が $50\mu m$ 以下にまで小さくなると，様相は粒径の大きい場合と様相が全く違ってくる．微小な気泡は水中を漂っている間に水圧によって更に縮小され，やがては水に溶解して消えてしまう．結果的には気泡は水中に溶解した状態になり，空気リッチの水が生成されたことになることになる．

このような現象が起こるのかをもう少し解析すると，次のように説明することができる．水中で直径 1mm の気泡が $30\mu m$ になれば表面積は 33 倍になり，個数は 37000 個になる．さらに，気泡が小さくなり，直径が $10\mu m$ になれば表面積は 100 倍，個数は 1 000 000 個になる．このように，マイクロバブルの一つの特徴は粒径の大きなバブルと同一の体積のバブルでも粒径が小さくなると大きな比表面積をもつようになる．この過程で，気泡が大きい場合には水と空気の比重の違いにより気泡は浮力によって上方に向かう．しかし，気泡径が小さくなると水中の気泡には表面張力が働き，表面張力は気泡の表面積を小さくするように働くので，気泡が小さくなれば小さくなるほど表面張力は強くなる．この気泡の表面内部に向かう圧力（気泡を圧縮する力）の上昇量 Δp は理論的には次式に示すヤング・ラプラスの法則に従うので，気泡の粒径が小さい程圧力は高くなる．

$$\Delta p = 4\sigma/D \tag{15.2}$$

ここで σ は表面張力，D は気泡の直径である．

気泡の直径 0.1 mm 以上では気泡に加わる圧縮力の上昇 Δp はほんのわずかであるので無視できる範囲である．したがって，この範囲では空気の比重は水より軽いので，水中を上方に向かって浮き上がり，表面ではじける．しかし，例えば，直径が 10 μm レベルの気泡になれば，大気の圧力より 0.3 気圧高くなり，さらに直径が小さく，1 μm レベルの泡になると 3 気圧高くなり，気泡は圧縮される．さらに気泡の直径が小さく，10 nm 程度の，いわゆるナノレベルの気泡になると計算上は気泡面の圧力は 30 気圧高くなる．したがって，気泡は次第に小さくなり消えて，完全な溶解状態になる．

このように，マイクロバブルの状態は私達が良く目にしている水中の泡がブクブクと上昇している状態の現象とは全く違っている．気泡の大きさも μm オーダーまたは nm オーダーではバブラー等と比べてバブル径が極端に小さくなっている．水中でのバブルの大きさとその呼称は大雑把には **図 15.2** に示されるように区分されている．マイクロやナノレベルの微細なバブルになると，バブルは気泡のような空間として存在しているのではなく，ほぼ水中に溶解した状態と見る方が妥当であろう．

このような微小なマイクロやナノレベルのバブルの気泡を水中でどのようにして作るかを示そう．私達が日頃目にする泡は水中で空気に圧力を加えて吹き

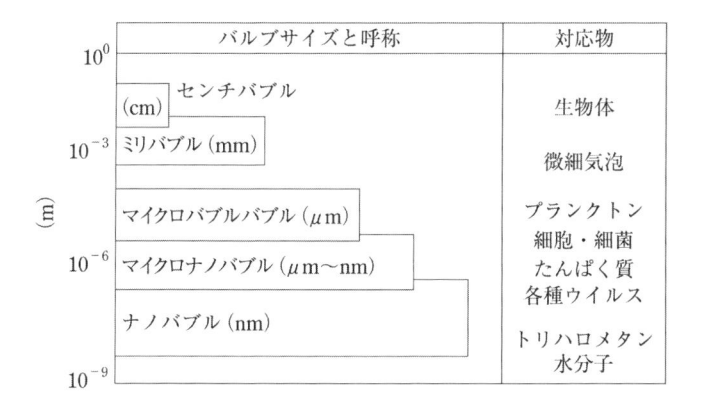

バルブサイズと呼称	対応物
センチバブル (cm)	生物体
ミリバブル (mm)	微細気泡
マイクロバブルバブル (μm)	プランクトン 細胞・細菌 たんぱく質 各種ウイルス
マイクロナノバブル (μm〜nm)	
ナノバブル (nm)	トリハロメタン 水分子

図 15.2 水中バブルの粒径と呼称

込んだだけでできるバブリングの泡であり，このようにしてできる泡は表面張力が強いために泡の粒径が 100μm 以下の小さい泡にすることはできない．そこで，気体と液体を混合した状態にし，この状態のまま流体力学的に強制的に高速で回転して混合させてやる．この手法によればマイクロレベルやナノレベルのバブルを水中に生成することができる．

具体的には，ベンチュリー型，キャビテーション型や旋回型等と呼ばれる幾つかの方法はあるが，ここでは旋回型についてだけ示そう．旋回型は 図 15.3 に示すように，水の旋回流を作り，その旋回で作られた減圧内部に空気を自給する．気体と液体を同時に毎秒の回転数 400〜600 (24000〜36000 rpm：1 分間回の転数) という，通常のエンジン等の回転数 (5000 rpm) よりはるかに速く，ジェットタービン並みの超高速度で回転させる．この時に出口から排出される水には 10〜50μm 範囲の空気がバブルとなって含まれて出てくる．

マイクロバブルの詳細な性質やその効能は未だ 100 % はわかっているわけではないが，実際にマイクロバブルの有効性が示されている．マイクロバブルが発生している水は高速回転下でキャビテーションによって酸素やオゾンの溶解度が増加した水である．しかし，実際には水中に溶解しているばかりでなく，相当の割合で酸素やオゾンが水と反応してヒドロキシラジカル (OH) を作る

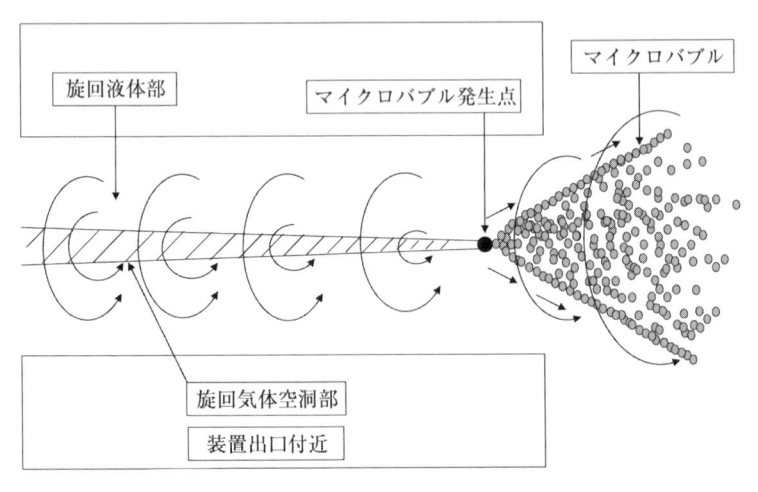

図 15.3　旋回型マイクロバブルの発生法

($2H_2O + O_2 \rightarrow 4OH$, $H_2O + O_3 \rightarrow 2OH + O_2$) のである．この多量に作られた OH が強い酸化力を発揮することになると考えられる．このように，気体として空気のみならずオゾンを含んだ空気をマイクロバブル化した水には多くの有益な効果があることがいろいろな領域で顕著に表れている．例えば，農業における水耕栽培，土壌の改良，漁業における養殖，飲料水の殺菌・改質，風呂のお湯，下水処理や洗浄，更には医療や美容など，私達の知らない多くの分野でも有効な効果が出ている．

水中のマイクロバブルやナノバブルに関する技術は現在では未開拓の分野であり，理論的には未知の部分も多く含んでいる．しかし，このようにしてつくられた水は酸素リッチな水であり，飲料水として良いかどうかは未だ分からないが，自然水を超えるいろいろな分野で薬効的な効用があって当然であろう．マイクロバブルの効用は気体の成分を変えることなく，その存在状態を変えることによって生じる効用であり，更に新しい展開も潜んでいる．マイクロバブルやナノバブル技術は有益な片鱗を見せた段階であり，今後更に期待できる技術分野に育つであろう．

活性水といえば，磁界や電波を作用させた水が人に健康に役立つといわれており，また各種の水の浄化に役立つ等の効果が多く報告されている．一般的に，新しい現象についてはその「効果がある」事実が先行するものであり，その原理やプロセスの解明は後でされることが多い．磁界や電波やマイクロバブル等は各種の効果があるとされているし，水の浄化などについてはそのメカニズム等については十分に明瞭にされてはいないので，ここではこれ等の記述についてこれ以上は触れないことにした．

第 16 章　水の主要な浄化技術

　水の浄化は飲料水を浄化することが多かったが，今では水の汚染を広く拡散させないために浄化する場合も多くなっている．水の使用目的や水の汚染の程度や汚染物質によって，そこで使用される浄化方法とそのステップは異なる．汚染度や浄化レベルが異なっていても，使われる基本的な浄化技術はほぼ同様であることが多いので，ここでは水の浄化に関する主要な技術のみについてまとめて述べることにする．水中に存在する汚染物質の粒径とその除去法の概略を**図16.1**に示す．表に示されるように，大別すると沈澱，砂ろ過と膜ろ過の3種類であるが，表中に示されている中で多く使われている主要なろ過法5つの技術について以下にその概略を示す．

① 沈殿法

　沈殿は最も自然に即した技術であるので，これは技術とはいえないという人もいるかも知れないが，立派な技術である．沈殿法では水中のマイクロバブルの挙動と同様であり，次のストークスの式に従う．このストークスの式は水中

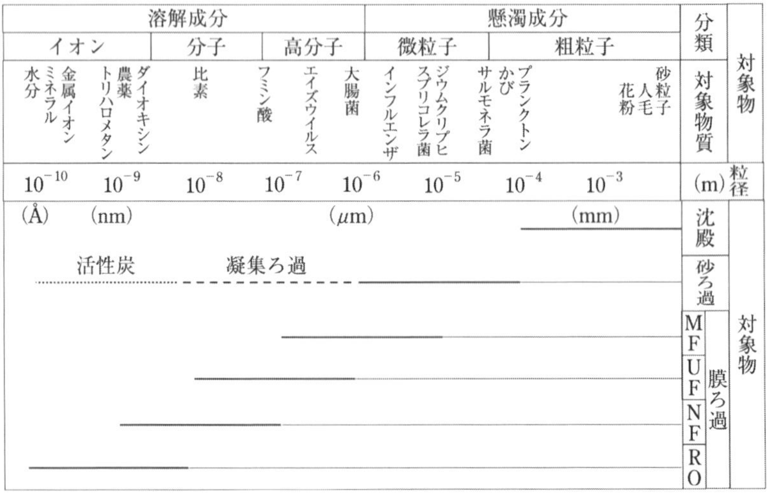

溶解成分				懸濁成分			分類
イオン	分子	高分子		微粒子	粗粒子		対象物質
水分／金属イオン／ミネラル／農薬／トリハロメタン	ダイオキシン／比素	フミン酸	エイズウイルス／大腸菌	インフルエンザ／ジウムクリプトスプリコレラ菌／サルモネラ菌	プランクトン／かび	砂粒子／人毛／花粉	
10^{-10}	10^{-9}	10^{-8}	10^{-7}	10^{-6}	10^{-5}	10^{-4}	10^{-3} (m) 粒径
(Å)	(nm)		(μm)			(mm)	沈殿／砂ろ過／膜ろ過 MF UF NF RO

活性炭／凝集ろ過

図16.1　物質の大きさとそのろ過法

の粒子の比重が大きく（$\rho_p > \rho_f$），粒径が大きいほど沈降速度V_sが速いことを意味している．

$$V_s = r^2 g (\rho_p - \rho_f)/18\eta$$

当然のこととして沈殿法は本来の自然現象の下で行われている現象であるが，水道水でも下水でも共通に浄水技術として比較的大粒径の物質を除去するために使われている．水中の浮遊物質は前述したように，ストークスの式に従い粒子の粒径と比重によるので，沈降速度は粒径が大きく重い粒子ほど早く沈澱する．したがって，図16.2 に示すような沈殿池で水を流すと，重量の重い粒子W_1が早く上流で，軽い粒子W_3は遅く，下流域で池の底に沈降する．しかし，水中に粒径 1μm 領域の微粒子が存在すれば，沈殿池の深さ 1m 沈降するのに 5 日も必要となる．したがって，このような微小粒子まで自然沈殿により沈殿除去するためには広大な面積の沈殿池が必要になる．

粒径 1μm 以下の微粒子はコロイド粒子と呼ばれているが，このようなコロイド粒子範囲の微小粒子まで沈殿池で除去するには凝集剤により粒径の大きい粒子に肥大化させ，更にそれを肥大化させ（フロック化）て，沈殿させる．一般に使用されている凝集剤は表16.1 に示すような種類の凝集剤が使用されている．凝集作用は水の中で帯電（電気を帯びている）している濁質成分の表面の電気を中和した後に相互に架橋（結び付く）させて肥大化させる作用であり，この役割を果たすために加える薬剤が凝集剤である．この凝集剤の役割はアルミニウムや鉄などの金属塩が果たしている．

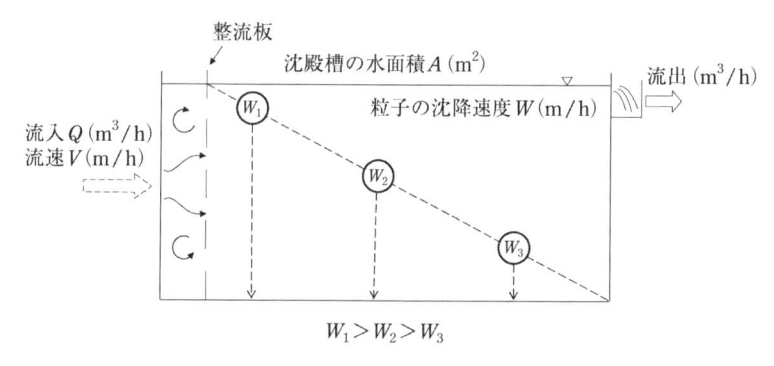

図16.2　横流式沈殿池

表16.1 凝集剤の種類と性質

大別	性格	剤名	化学式	凝集に適したpH	飲料水処理に使用可のもの	参考
凝集剤	アルミニウム塩	硫酸アルミニウム	$Al_2(SO_4)\cdot 18H_2O$	6〜8	○	最も一般的, 鉄塩を共有することもあり, Alum, 硫酸バン土ともいう.
		アルミン酸ナトリウム	$NaAlO_2$		○	Alumと共有すると凝集効果が高まるといわれている.
		ポリ塩化アルミニウム	$Al_n(OH)_mCl_{3n-m}$のポリマー		○	色度成分の除去に効力あり, また液のpHをあまり変えない長所あり.
	鉄塩	硫酸第一鉄	$FeSO_2\cdot 7H_2O$	9〜11	○	使用条件が悪いと処理水に鉄分が残り着色する.
		塩化第二鉄	$FeCl_3\cdot 6H_2O$		○	
		硫酸第二鉄	$Fe_2(SO_4)_3\cdot nH_2O$		○	
		塩素化コッパラス	$Fe_2(SO_4)_3\cdot FeCl_3$		○	

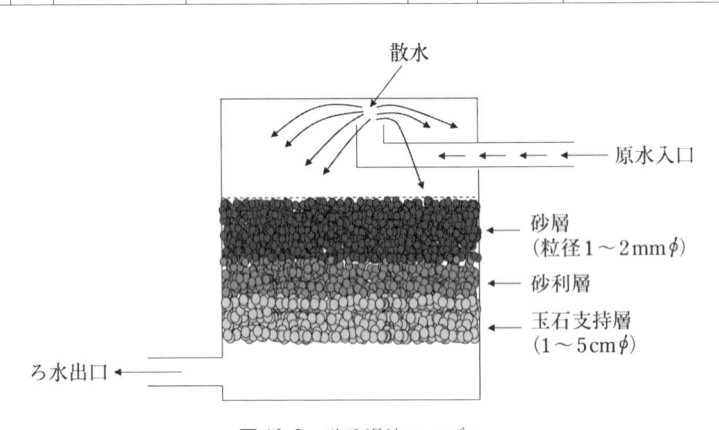

図16.3 砂ろ過池のモデル

② 砂ろ過技術

　地表に降った雨水が地下水になるプロセスを人工的な土砂層を作って行うのが砂ろ過法であり, モデル的には図16.3に示すように構成したのがろ過池である. 一般的には砂ろ過層は下層から玉石, 砂利, ろ過砂の順に下層から上層になるにしたがって順次粒径の小さい砂となるように重ねて敷いている. ろ過

池の構成は原理的には上水の場合も下水の場合も同様であるが，下水の場合の方が汚染物質は大きく量的にも多いので，全体として砂利の粒径を大きくしている．ろ過された水の混和物の量や成分はろ材となるろ過砂の粒径と同時にろ材の性質にも大きく左右される．ろ材としては一般の砂も使用されるが，特殊な砂で，ろ過作用が高いとされている物質の例としてはろ過作用を促進する材料として，多孔質で吸着性に優れたサンゴ砂，イオン交換能を有するゼオライトや活性炭などが使用されている．

③ 緩速・急速ろ過

緩速も急速も作用は同じであるが，緩速ろ過は水をゆっくりと流すが，急速ろ過は水を早く流すろ過方法である．水がきれいで，処理水が少量の場合は飲料水も緩速ろ過で行っていたが，多量の水の処理が必要な場合は急速ろ過方式が多く使用されている．緩速及び急速ろ過方式は図 16.4 に示すようにプロセスとしての大きな違いはない．しかし両者の違いは緩速ろ過方式では沈殿池と

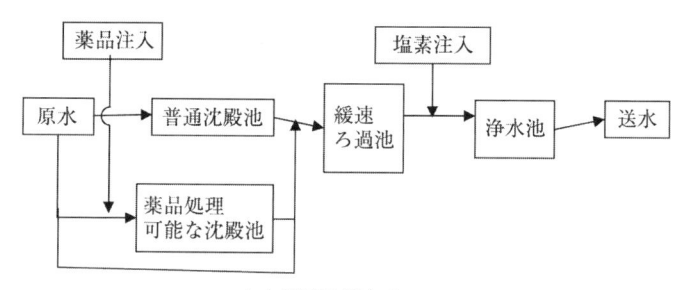

(a) 緩速ろ過方式

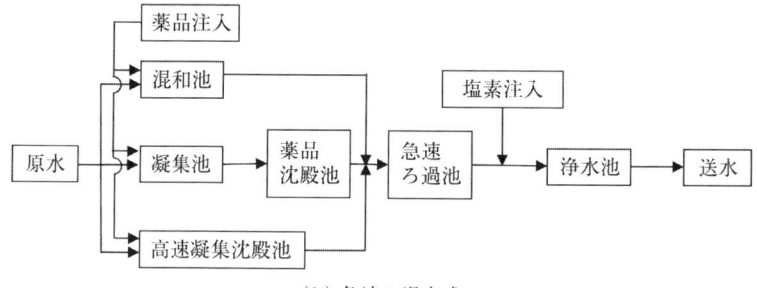

(b) 急速ろ過方式

図 16.4　緩速・急速ろ過方式

ろ過池を組み合わせているのに対して，急速ろ過方式ではそれに凝集池が加わっている点である．沈殿池前後の殺菌用の薬品(多くは次亜塩素酸ナトリウム)や塩素の注入は同様に行うシステムである．

　緩速ろ過方式で使われるろ過池の下層には粗い砂($1 \sim 5\,cm$ 径)上層には細かい砂($0.3 \sim 0.45\,mm$ 径の砂を厚さ $70 \sim 90\,cm$)を重ね，この上に水をゆっくり($3 \sim 5\,m/$日)流してろ過している．緩速ろ過では細かい砂層の表面に自然に形成された厚さ $5\,mm$ くらいのアオミドロやケイ藻が形成され，これ等の藻や微小な砂の粒子空隙に生息する微生物が細菌や有機物を食べることによってろ過が行われるので微小粒径の粒子までトラップすることができる．緩速ろ過は多種多様な成分や微小粒子に対しても薬品を使わずに分解や除去して浄化できる方法であることに特徴がある．緩速ろ過は人工的に行う自然の湧き水の再現に近いシステムである．

　一方，多量な水の浄化，高濁度の水処理や汚染物質の種類によっては緩速ろ過方では浄化できない場合が多くある．そのため緩速ろ過方式は小規模で，比較的原水のきれいな場合以外では現在はあまり多く使用されなくなっている．現在では多量の水を安定して浄化処理することが必要になっており，水の浄化の多くは急速ろ過が採用されている．端的にいえば緩速ろ過方式に高速凝集沈殿池を加えた方式が急速ろ過方式といってよい．

　急速ろ過では凝集剤(アルミニウムや鉄などの金属塩)によって水中の微小成分の表面電荷を中和し，$10\,nm$ 級の微粒子をコロイド領域($10\,\mu m$ 以上)の大きな微粒子に凝集させてフロック化して沈殿させる．急速ろ過では緩速ろ過のように微小な粒子まで砂ろ過の過程で除去する必要がないため，緩速ろ過に対して砂層の粒径を緩速ろ過より大きく，水の流速は緩速ろ過の 30 倍以上の速さ($120 \sim 150\,m/$日：$5 \sim 6\,m/h$)で浄化できる．緩速ろ過と急速ろ過を比較すると表 16.2 のように，緩速ろ過は小規模でしか適用できないが飲料水としては最も適したろ過法である．

④ 高度浄水処理技術

　高度浄水処理は沈殿，砂ろ過(緩速，高速)，に更に安心できる水にするためにもう一つの処理を加えたシステムである．水中からの汚染物質の除去は前節の緩速や急速ろ過法等によって $0.001\,\mu m$ オーダーの微粒子や細菌は除去する

表 16.2 緩速ろ過法と急速ろ過法の比較

項目	事項	緩速ろ過法	急速ろ過法
原水の水質	大腸菌群	100ml/MPN 1000 以下	1000 以上
	BOD	2ppm 以下	2ppm 以上
	年平均濁度	10 度以下	10 度以上
水質に対する有効性	細菌	大	大
	色度	中	大
	濁度	大	大
	浮遊物質	大	大
	NH_4^+-N	大(硝化される)	小
	味	良好	-

ことができる.しかし,飲料水の面からは水中に生息していたり,発生する各種の細菌(コレラ菌,サルモネラ菌)や寄生虫(アメーバ,クリプトスポリジウム原虫)等の菌や有害物質を除去する事は飲料水としては最も重要な要素である.そのため,何れのろ過法においても殺菌用に塩素剤が投入されている所も多い.塩素剤は水中に溶解して強い殺菌力をもっている次亜塩素酸(HOCl)となり,これが殺菌の役割を果たしている.

日本では水道水中の殺菌のため 0.1mg/l 以上に塩素を残留させなければならないことに定められている.この目的に塩素が多く行われてきたのは①殺菌効果が確実なこと,②人畜に無害であること③殺菌効果に残留性が必要であること,④注入の制御が容易であること,⑤安価であること,などの特長があるためである.

一方,塩素殺菌した水道水で発がん性のある物質であるトリハロメタンが作られることが明らかになった.塩素を主体にした殺菌方法に変わる安全な殺菌法として最近の主要な大規模浄水場で採用されているのがオゾン殺菌処理法を導入した高度処理技術である.従来の急速ろ過方式にオゾン処理と活性炭処理の二つの処理を導入したのが図 16.5 に示すような高度上水処理システムであり,このシステムではトリハロメタンが作られることはない.

オゾンは水の中で $O_3 \rightarrow O + O_2$,および $H_2O + O \rightarrow 2OH$ のように変化し,酸化力の強い原子状の酸素(O)や水酸基ラジカル(OH)を生成する.この極めて強力な酸化力をもつオゾンが対象物を強力に酸化や殺菌をする.オゾンの酸化力は塩素より強く,そのためオゾンは強力な酸化力によって殺菌・脱臭・漂白,

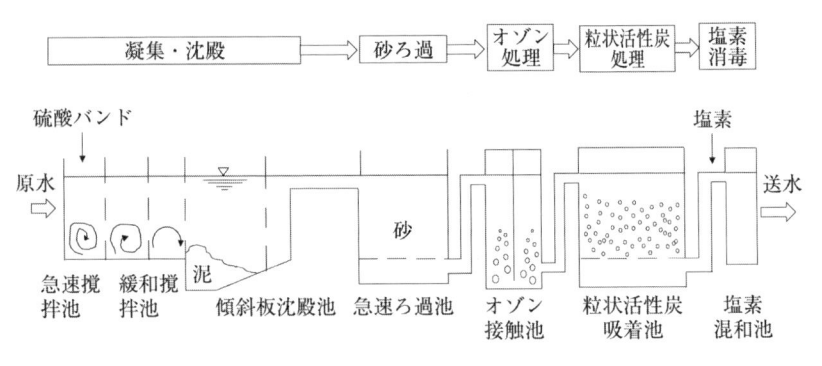

図16.5 水道の高度浄水処理

　有機物の分解などの効果を顕著に発揮する．更に付け加えるべきオゾンの特長であり短所は寿命が短いことである．O_3 は比較的不安定で，短時間に $O_3 \rightarrow O + O_2$，および $O + O \rightarrow O_2$ の反応により全く無害な酸素分子に変化するので，過剰処理や残留性がないことである．したがって酸化力の強いオゾンが残留して有害化することはない．このようなオゾンが浄水処理の殺菌に使われるようになった大きな理由は①フッ素に次ぐ強い酸化力，②塩素より強い殺菌力，③過剰処理による弊害がない，④残留性がない（オゾンは寿命が短く，短時間で酸素分子に変化する）等で，オゾンに代わる強力で安全な殺菌剤は他にはないであろう．

　また，高度処理ではオゾンの次に活性炭による処理が設けられている．活性炭はオゾンによる酸化処理生成物の除去作用が強く，電子マグネットとも呼ばれており，活性炭の吸着による浄化作用として機能している．活性炭は松，竹，やし殻や石炭などを 700℃で炭化し，さらに高温の 1000℃で処理すると，**図16.6** に示すような網目状の微細孔をもった構造になる．吸着剤は活性化プロセスによって，**表16.3** に示すように性質は異なるが，活性炭は他の吸着剤より空間率が高く，表面積も広いので，微細孔中に汚染物質を取り込んでしまう優れた性質をもっている．

　一方，O_3 は寿命が短く，残留性がないことはオゾンの長所であると同時に短所にもなっている．それは浄水所で殺菌しても家庭に届くまでに混入した菌に対する殺菌効果が維持できないことである．そのため，高度浄水処理におい

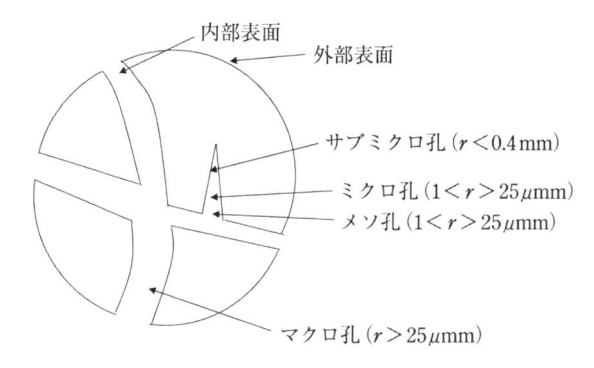

図 16.6 吸着剤に存在する細孔

表 16.3 吸着剤の性質

	活性炭	シリカゲル	活性アルミナ	活性ボーキイト
充填密度(kg/m^3)	400〜540	610〜780	750〜850	800〜950
見掛け比重	0.7〜0.9	0.7〜1.3	1.5〜1.7	1.5〜1.7
真比重	1.6〜2.1	2.1〜2.3	2.6〜3.3	3.2〜3.3
気孔率(%)	50〜60	40〜50	40〜50	53〜55
空間率(%)	44〜52	40〜50	44〜50	42〜46
表面積(m^2/g)	800〜1400	600	200〜350	150〜230
平均孔径($m\mu$)	1.2〜3.2	1.0〜4.0	7.2	3.3〜4.3

ても最終段階で微量の塩素剤を注入して長時間の殺菌効果を維持させているのである．多量で過剰の塩素剤を投入しなくなったことと，オゾン処理を採用したことにより塩素殺菌で大きな問題となったトリハロメタンの心配はなくなったといってよい．

　高速ろ過にオゾン・活性炭処理を追加した高度処理を採用している浄水場では，従来に比べて**表 16.4** に示すように，多くの項目で水質が改善されていることが実証されている．高度浄水処理は大量な水処理の要請にも対応でき，安全でおいしい水が供給できる高レベルの浄水技術である．

⑤　**膜ろ過技術**

　膜分離技術は医療分野で人工透析や牛乳，果汁の濃縮にも多く使われており，水処理にも除濁をはじめイオン，有機物，微粒子などの除去を行うには欠かせない技術となっている．この技術的な進歩は近年大きく，図 16.1 に示したよ

表 16.4 高度浄水処理水の水質

		水質基準		以前の水道水[*1]		高度浄水処理水[*2]	
		基準値	快適水質目標値	淀川原水	浄水	淀川原水	浄水
かび臭物質	2-MIB (ng/l)[*3]	−	10 以下	50	40	12	検出せず
	ジェオスミン (ng/l)	−	10 以下	362	173	37	検出せず
臭気強度		−	3 以下	24	6	27	2
過マンガン酸カリウム消費量	(mg/l)	10 以下	3 以下	6.9	1.9	6.8	1
総トリハロメタン生成能	(mg/l)	−	−	0.043	0.032	0.04	0.01
陰イオン界面活性剤	(mg/l)	0.2 以下	−	0.03	0.02	0.03	検出せず

[*1]: 平成 9 年度の平均値. ただし, かび臭物質は平成 6 年度の最高値.
[*2]: 平成 20 年度の平均値. ただし, かび臭物質は最高値.
[*3]: ng/l : mg/l の 100 万分の 1 の濃度.

うに,かつてから水処理技術として行われてきた沈殿や砂ろ過では浄化できない微小粒径を超えて,薬品を使用することなくろ過できる技術である.それは,いわゆる半透膜の利用であり,半透膜とは溶媒と称する微小な分子は通過させるが,溶質と呼ぶ大きな分子群は通過させない膜である.半透膜の中で MF (Micro Filter:孔径 50nm〜10μm:精密ろ過)膜では粒径で 0.01μm 程度の懸濁物質までろ過できるので,次亜塩素酸でも処理できないとされているクリプトスポリジウムも MF 膜でろ過して除去できる.MF 膜は従来の急速沈殿の代役となる懸濁物質の除去に使用できる.また,UF (Ultra Filter:孔径 2〜200 nm:限外ろ過)膜では粒径 1nm 程度までろ過できる.MF や UF 膜で微粒子,懸濁物質やバクテリア等までは砂ろ過を使わずに除去できる.更にろ過膜の孔径は微細になり,イオンの領域の除去もできるようになったのは驚きであり,それは RO (Reverse Osmosis:孔径 0.1〜1nm:逆浸透)膜の誕生によってである.RO 膜の孔径にまで細くなると 0.1nm 程度のイオンや低分子の有機物まで除去できる.孔径が RO 膜と UF 膜の中間に位置する NF (Nano Filter)膜とする分類もある.NF 膜は水の高度処理の代替処理技術として役立つ位置づけにある.UF 膜は高分子系・溶解物は通過させないが,低分子系溶解物は通過

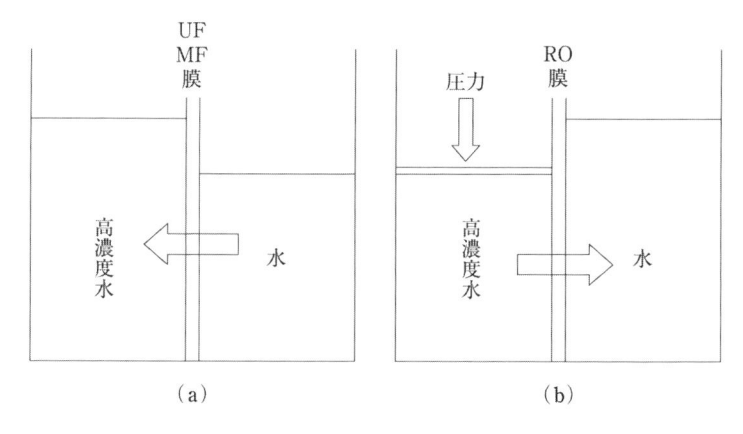

図 16.7 膜ろ過の原理

させる．しかし，RO 膜の様に塩化ナトリウムのような溶解したイオンは通過する膜である．MF や UF 膜のろ過膜は常圧で水が膜を透過するが，RO 膜はこれ等とは違い加圧によりろ過されるので，原理的に図 16.7 に示すように異なっている．

(a)の MF や UF 膜等では水中混和物の濃度差のある水が膜によって区切られると，溶媒である水が溶質(各種混合物)濃度の高い左辺に膜を通って移動し，平衡状態で膜の両面に圧力差が生じ(これが浸透圧)，低濃度域の水が高濃度域に移動する．浸透圧 π は次のように表わされる．

$$\pi = CRT \tag{16.1}$$

ここで，C：溶質の濃度，R：気体定数，T：温度，である．

したがって，溶質濃度が高く，温度が高いほど浸透圧は高くなることを示す．この原理によって，低濃度域の水が膜を通して移動(右から左へ矢印の方向：混和物の濃度が低下する方向)する．MF や UF 膜は浄水のろ過ばかりでなく，下水処理用のろ過にも使われることが多く，活性汚泥から処理水を分離するために用いられ，これを膜式活性汚泥法(MBR 法)としての役割が次第に大きくなっている．浸透圧による水の移動で最もわかりやすい現象例は，ナメクジに塩を振りかけるとナメクジの体内の水が外に滲み出してくるが，この現象はわかりやすい．

一方(b)の RO 膜では膜の口径が小さく，水だけは通すが溶解しているイオ

ンや塩類などの溶質は透過させない膜である．したがって，RO 膜を使用するには溶質の高濃度域に浸透圧(海水の場合の浸透圧：2.5 MPa)以上の圧力(5〜6 MPa：55 気圧程度まで)を加える．この外部から加える圧力によって高濃度域の水だけが低濃度域に(左から右へ矢印の方向に)通り抜けて移動するので，高濃度溶液から膜を通して低濃度域に水を押し出す技術でもある．圧力を加えない場合の水の移動方向は高濃度側に水が移動するが，この場合とは逆方向であり，逆浸透膜の名称もこの水の移動方向から生まれたのである．RO 膜では加圧によって水が移動するので，RO 膜は圧力差のない状態では存在しないにもかかわらず，加えた圧力差によってろ過ができ，さらに溶解性のイオンまで除去できる膜である．またこれらの膜は膜の目詰まりが大きくならないような技術として，水は膜面に添って流す方法(クロスフリー法)も技術として適用されている．

RO 膜では膜孔径が微細になったが，孔径は水分子の大きさ(約 0.38 nm)の数倍大きい．しかし，細菌と呼ばれている**表 16.5** に示すような粒径の大きさの細菌(最も小さいウイルスでも 20 nm)やイオン性の物質までろ過で除去できる性能をもっている．ナトリウムイオンは水より小さく，0.12〜0.14 nm であるが，最近の膜技術のめざましい進歩により，**図 16.8** のように，ナトリウムイオンの除去もできるまでに向上している．それは，RO 膜の孔に水分子が結合し，孔径を小さくしているためのようである．RO 膜による水処理は最初海水の淡水化のために本格的に取り組んだ技術であった．しかし，RO 膜はスペースシャトルにも搭載され，真偽の程は知らないが，宇宙飛行士は自分達の尿を RO 膜で浄化して飲み水にしているほどの性能でもある．今医療分野で多くの患者の人達がお世

表 16.5 主な細菌の大きさ

菌種	大きさ(μm)
黄色ブドウ球菌	径 0.8〜0.9
化膿レンサ球菌	径 0.5〜0.75
淋菌	径 0.6〜0.8
大腸菌	0.5〜0.6×1.0〜3.0
赤痢菌	0.5〜0.7×2.0〜3.0
チフス菌	0.4〜0.6×1.0〜3.0
霊菌	0.5×0.5〜1.0
緑膿菌	0.3〜0.5×1.0〜2.0
コレラ菌	0.2〜0.4×1.5〜4.0
腸炎ビブリオ	0.2〜0.4×1.5〜4.0
結核菌	0.3〜0.5×1.2〜4.0
ジフテリア菌	0.3〜0.8×1.0〜8.0
炭疽菌	1.0〜1.5×3.0〜8.0
枯草菌	0.5〜0.8×1.5〜3.0
ウエリッシュ菌	0.5〜1.2×3.0〜10.5
破傷風菌	0.4〜0.6×2.0〜5.0
ボツリヌス菌	0.9〜1.2×4.0〜6.0
梅毒トレポネマ菌	0.25〜0.3×8.0〜14.0

話になっている．血液の人口透析が可能になったのはこのRO膜の出現によってであるが，このことはあまり知られていない膜技術であろう．

膜ろ過も砂ろ過法も分離プロセスは同様で，細孔を通過させることであるが，膜ろ過法では膜の孔径が揃っている．この

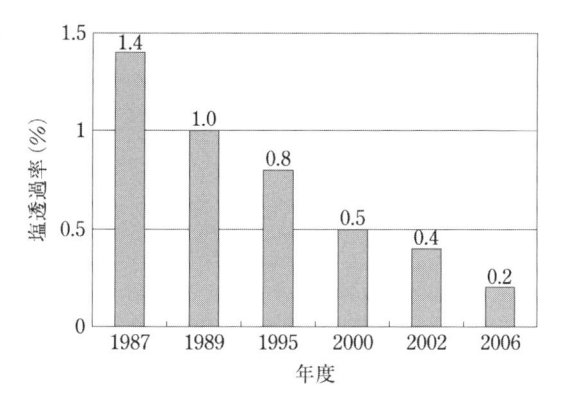

図16.8　RO膜の性能向上（塩透過率の低減）

膜ろ過法の正確さは砂ろ過などの他の技術では及ばない点である．

高度浄水処理技術では各種の浄化技術を組み合わせることによって私達の飲料水はほぼ安心できる水にまで浄化されている．しかし，RO膜によるろ過は安心ではあるが，ミネラル分がほとんど除去されてしまう水浄化法なので，飲料水として最適かどうかは疑問である．ろ過膜の技術の向上による膜の信頼度が向上し，浄水場への適用例は何れの膜についても図16.9に示すように年々

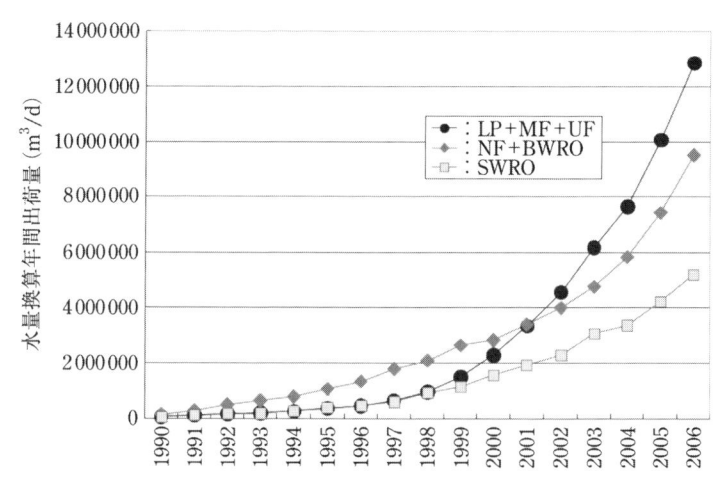

図16.9　浄水用途での膜種類別普及状況（http://www.mlit.go.jp/crd/crd_sewerage_tk_000045.html）

増加しているが，前記(図 7.4)したように水道水全体から見ると膜ろ過の割合は僅かである．日本の膜技術は非常に高く，膜の出荷シェアは日本のメーカーが世界の 60 % を占めており，なかでも最も高密度の RO 膜は 70 % のシェアである．近年の膜の性能向上により，今後は益々膜の信頼度が高まり，ろ過膜の利用は更に増加するであろう．膜ろ過方式は一般に運転管理が容易であり，水質も安定していると同時に用地面積が少なくて済むので，評価は高くなっている．上水と同様下水の浄化にも膜分離が用いられるが，主に下水用には MF 膜であり，膜の汚れに対しては，それを除去するためのファウリングと称する定期的な洗浄が必要となる．

あとがき

　食糧は私達にとってなくてはならない大事なものであり，その大切さ，有難さは日頃から身近に感じている．しかし，水と空気は食糧以上に私達の体にとってなくてはならないものである．それは食糧，水や空気を私達人間が体内に摂取しないで，どのくらいの長い時間耐えられるかを見ると，その長さでそれらの大切さが分るはずである．水は常にあるのが当たり前であり，常日頃その有難さを感じない人が多いように思う．将来を見通した時，水や空気ばかりでなく，このような「有って当たり前」「満たされていて当り前」的であり，「有難さ」を感じなくなっている事例が多いし，そのような人も多くなっているのではないか．現在はこの感覚が今最も忘れられつつあるようである．

　水は生命維持に欠かすことができないが，更に基本的な性質に始まり，水を浄化する技術まで掘り下げて見ると，水は自然環境の問題そのものである．私達が安心できる水が必要なら，私達の日頃から水に対する感謝といたわりや愛情が最も必要な心がけであることに気付くはずである．自分が水を汚せば汚れた水が自分に返ってくることになる．本書では主に飲料水と汚染された水の浄化技術について述べたが，本来は浄化技術の前に，先ずは「汚染物質を排出しない」ことに対する私達の「心がけ」について最優先で取り組まなければならないことである．その上で自然浄化を超える領域を浄化技術に委ねることが大原則である．このような発想の重要性は本書の中でも折々述べてきたが，この主従を逆転するような発想にならないことを望みたい．

　人間は自然の一部であり，自然と一体である．命あるものは全てが大気と水が一体の複合的なシステムを形成しており，相互に交流を通して生命が維持されている．私達は水に対しても人に対してと全く同じように真摯に心して対応することが必要であることに気付いていただければ幸いである．

　昭和薬科大学には図書館に入館を許して頂きましたことにより，本書を執筆することができました．このようなご配慮に対し感謝致します．また，出版に際しましては養賢堂出版社の三浦信幸氏には修正を含め，一緒に真剣に取り組んで頂きましたことにお礼申し上げます．

索　引

あ行

アオコ･･････････････････ 89
アデノウイルス････････････ 58
アメーバ････････････････ 127
イオン交換膜･････････････ 94
エアレーション････････････ 75
塩素････････････････････ 36
黄色ブドウ球菌････････････ 58
オゾン･････････ 41, 120, 127

か行

海水淡水化逆浸透膜･･････ 101
快適水質････････････････ 38
海洋深層水･･････････ 51, 91
河川水･･････････････････ 34
河川の長さ･･････････････ 11
仮想水･･････････････････ 13
活性汚泥･･････････ 75, 78
活性炭･･････････････ 45, 128
活性炭処理･･････････････ 42
かび臭･･････････････････ 50
カルキ臭････････････････ 36
かんがい耕地･････････････ 67
かんがい用水･････････････ 67
環境基準達成率･･･････････ 36
緩速ろ過･･････ 34, 39, 125
揮発性物質･･･････････････ 76
逆浸透膜･･･････････ 46, 101
キャビテーション型･･･････ 120
急速ろ過･･････ 34, 40, 125
凝集剤･････････････ 40, 126
汲取り処理･･･････････････ 81
グリーストラップ･････････ 74
クリプトスポリジウム････ 44
クリプトスポリジウム原虫･･ 127
クロロホルム･････････････ 79
ケイ素･･････････････････ 92

さ行

下水道処理･･････････････ 81
限外ろ過膜･･･････････････ 46
原生自然環境保全地域･････ 35
工業用水････････････････ 18
公衆浴場････････････････ 58
硬水････････････････････ 52
降水量･･････････････････ 8
高度浄水処理･････････ 42, 126
高度処理････････････････ 34
国際河川････････････････ 71
国土利用････････････････ 114
湖沼水･･････････････････ 34
コレラ菌････････････････ 127

さ行

殺菌用薬剤･･･････････････ 58
雑用水･････････････ 82, 84
サルモネラ菌･･････････ 58, 127
酸化処理生成物･･････････ 128
三重点･･････････････････ 22
三大穀物････････････････ 64
残留塩素････････････････ 58
残留性有機汚染物質･･････ 96
次亜塩素酸･･････････ 36, 127
ジオスミン･･････････････ 50
自給率･･････････････････ 14
自然環境保全地域････････ 35
ジブロモクロロメタン････ 79
循環･････････････････････ 6
浚渫･･･････････････････ 101
昇華････････････････････ 24
浄化槽処理･･････････････ 81
硝酸態窒素･･･････････････ 92
消毒････････････････････ 39
植物工場････････････････ 68
人口増加率･･･････････････ 19
深層水･･････････････ 34, 91
森林面積････････････････ 113

水質管理・・・・・・・・・・・・・・・・・・ 38
水質基準・・・・・・・・・・・・・・・・・・ 37
水素・・・・・・・・・・・・・・・・・・・・・・ 1
ストークスの式・・・・・・・・・・・ 117
砂ろ過層・・・・・・・・・・・・・・・・ 124
生活雑排水・・・・・・・・・・・・・・・ 73
生活廃水・・・・・・・・・・・・・・・・・ 73
生活用水・・・・・・・・・・・・・ 13, 18
生活用水使用量・・・・・・・・・・・ 30
生物活性炭・・・・・・・・・・・・・・・ 42
精密ろ過膜・・・・・・・・・・ 46, 101
世界人口・・・・・・・・・・・・・・・・・ 16
旋回型・・・・・・・・・・・・・・・・・・ 120
全蒸発残渣成分・・・・・・・・・・ 110
全水量・・・・・・・・・・・・・・・・・・・ 6

た 行

大腸菌・・・・・・・・・・・・・・・・・・・ 89
濁度・・・・・・・・・・・・・・・・・・・・・ 58
淡水化法・・・・・・・・・・・・・・・・・ 48
淡水の存在割合・・・・・・・・・・・ 17
地下水・・・・・・・・・・・・・・・・・・・ 35
中水・・・・・・・・・・・・・・・・・・・・・ 82
超純水・・・・・・・・・・・・・・・・・・ 105
超臨界水・・・・・・・・・・・・・・・・・ 22
貯水量・・・・・・・・・・・・・・・・・・・・ 8
沈降速度・・・・・・・・・・・・ 41, 42
沈殿・・・・・・・・・・・・・・・・・・・・・ 39
沈殿法・・・・・・・・・・・・・・・・・・ 122
電気抵抗率・・・・・・・・・・・・・・ 108
電気伝導率・・・・・・・・・・・・・・ 108
天然水・・・・・・・・・・・・・・・・・・・ 33
導電性不純物・・・・・・・・・・・・ 108
トリハロメタン・・・・・・ 41, 79, 127

な 行

ナチュラルウォータ・・・・・・・・・ 34
ナノバルブ・・・・・・・・・・・ 45, 117
軟水・・・・・・・・・・・・・・・・・・・・・ 52
乳児死亡率・・・・・・・・・・・・・・・ 30
沼・・・・・・・・・・・・・・・・・・・・・・・ 87
農業用水・・・・・・・・・・・・・・・・・ 18

は 行

バイオレメディエーション・・・・・ 78
排水基準・・・・・・・・・・・・・・・・・ 72
排他的経済水域・・・・・・・・・・・ 97
バブリング・・・・・・・・・・・・・・・ 77
バラスト水・・・・・・・・・・・・・・・ 99
微生物・・・・・・・・・・・・・・ 39, 46
ヒドロキシラジカル・・・・・・・・ 120
表流水・・・・・・・・・・・・・・・・・・・ 33
微粒子数・・・・・・・・・・・・・・・・ 108
ファウリング・・・・・・・・・・・・・ 134
プランクトン・・・・・・・・・・・・・・ 89
フロック化・・・・・・・・・・・ 43, 123
ブロモジクロロメタン・・・・・・・・ 79
ブロモホルム・・・・・・・・・・・・・・ 79
ベンチュリー型・・・・・・・・・・・ 120
ボトルドウォータ・・・・・・・・・・・ 55

ま 行

マイクロバルブ・・・・・・・・ 45, 117
マイクロフロック・・・・・・・・・・・ 89
膜式活性汚泥法・・・・・・・・・・ 131
膜分離技術・・・・・・・・・・・・・・ 129
まろやかさ・・・・・・・・・・・・・・・ 51
湖・・・・・・・・・・・・・・・・・・・・・・・ 87
水飢饉・・・・・・・・・・・・・・・・・・・ 10
水資源取水量・・・・・・・・・・・・・ 10
水使用量・・・・・・・・・・・・・・・・・ 13
水ストレス・・・・・・・・・・・・・・・ 28
水の化学構造・・・・・・・・・・・・・ 21
水の使用量・・・・・・・・・・・・・・・ 18
水の滞留時間・・・・・・・・・・・・・・ 7
水の沸点・・・・・・・・・・・・・・・・・ 21
水の保留量・・・・・・・・・・・・・・ 115
水の融点・・・・・・・・・・・・・・・・・ 21
水不足・・・・・・・・・・・・・・ 20, 29
ミネラルウォータ・・・・・・・・・・・ 49
メチルイソボルネオール・・・・・・ 50
綿花・・・・・・・・・・・・・・・・・・・・・ 62
毛細管現象・・・・・・・・・・・・・・・ 25

や 行

ヤング・ラプラスの法則 118
有機物量 108
遊離炭酸 52

ら 行

陸水 33
リスクアセスメント 38
粒状活性炭 42
臨界状態 22
リン酸態リン 92
レジオネラ菌 44, 58
ろ過 39
ろ過膜 46

わ 行

惑星の温度 2, 3

英 数

BOD 70, 76
COD 76
EEZ 97
MARPOL 73/78 条約 102
MBR 法 131
MF 膜 46, 130
POPs 96
RO 膜 46, 130
SS 77
UF 膜 46, 130

著者略歴

江原 由泰(Ehara Yoshiyasu)
1979 年　群馬大学工学部合成科学科卒業
同年　　三恵技研工業株式会社　勤務
1984 年　武蔵工業大学(現，東京都市大学)勤務
2002 年　アメリカ　Ford Research Laboratory 客員研究員
現在　　東京都市大学工学部・教授
工学(工学)
専門：環境保全技術，電気集塵の性能向上，オゾン発生の収率改善，絶縁
　　　劣化現象，絶縁診断法

瑞慶覧 章朝(Zukeran Akinori)
1996 年　カナダ　マクマスター大学客員研究員
1999 年　武蔵工業大学大学院工学研究科修了
同年　　富士電機株式会社　勤務
2010 年　神奈川工科大学工学部・准教授
博士(工学)
専門：電気集塵の再飛散現象，環境有害物質の除去，静電気，放電現象

伊藤 泰郎(Ito Tairo)
1960 年　武蔵工業大学工学部卒業
同年　　武蔵工業大学　勤務
1981 年　アメリカ　クラークソン大学客員研究員
　　　　武蔵工業大学教授，工学部長後定年退職
現在　　東京都市大学名誉教授，日本オゾン協会理事，文部科学省科学
　　　　技術政策研究所専門調査委員
工学博士
専門：放電現象，絶縁劣化現象，絶縁診断法，オゾン発生の収率改善，
　　　大気汚染物質の分解および除去，電気集塵の性能向上
著書：よくわかる電気回路基礎演習，電気数学，オゾンの不思議，環境と
　　　技術で拓く日本の未来，見えないものを見る技術

JCOPY	<（社）出版者著作権管理機構　委託出版物＞	
2012	2012年5月11日　第1版発行	
‥‥水浄化技術‥‥		
著者との申し合せにより検印省略	著作代表者	江原　由泰
©著作権所有	発　行　者	株式会社　養賢堂 代　表　者　及川　清
定価（本体2200円＋税）	印　刷　者	株式会社　三秀舎 責　任　者　山岸真純

〒113-0033　東京都文京区本郷5丁目30番15号
発行所　株式会社養賢堂　TEL 東京(03) 3814-0911　振替00120
　　　　　　　　　　　　FAX 東京(03) 3812-2615　7-25700
　　　　　　URL http://www.yokendo.co.jp/
　　　　　　　　　　　　ISBN978-4-8425-0502-2　C3053

PRINTED IN JAPAN　　　　　製本所　株式会社三秀舎
本書の無断複写は著作権法上での例外を除き禁じられています。
複写される場合は、そのつど事前に、（社）出版者著作権管理機構
（電話 03-3513-6969、FAX 03-3513-6979、e-mail:info@jcopy.or.jp）
の許諾を得てください。